CRYPTOGAMES VASCULAIRES

DU BRÉSIL

NANCY, IMPRIMERIE DE BERGER-LEVRAULT ET Cie

CRYPTOGAMES VASCULAIRES

(FOUGÈRES, LYCOPODIACÉES, HYDROPTÉRIDÉES, ÉQUISÉTACÉES)

DU

BRÉSIL

IIᵉ PARTIE: SUPPLÉMENT ET RÉVISION

PAR

A. L. A. FÉE

PROFESSEUR HONORAIRE DE L'UNIVERSITÉ
MEMBRE TITULAIRE DE L'ACADÉMIE DE MÉDECINE
OFFICIER DE LA LÉGION D'HONNEUR
ET DE L'ORDRE DE LA ROSE DU BRÉSIL

AVEC LE CONCOURS ÉCLAIRÉ DE M. LE DOCTEUR F. M. GLAZIOU, DIRECTEUR DES JARDINS IMPÉRIAUX DU BRÉSIL A RIO-JANEIRO
OFFICIER DE L'ORDRE DU CHRIST

MATÉRIAUX POUR UNE FLORE GÉNÉRALE DE CE PAYS

PARIS

J. B. BAILLIÈRE ET FILS, LIBRAIRES | VICTOR MASSON ET FILS, LIBRAIRES
RUE HAUTEFEUILLE, 19 | RUE DE L'ÉCOLE DE MÉDECINE

BERGER-LEVRAULT & Cⁱᵉ, LIBRAIRES-ÉDITEURS
RUE DES BEAUX-ARTS, 5
MÊME MAISON A NANCY
1872-1873

QUELQUES MOTS D'INTRODUCTION.

Peu de temps après la publication de la *Cryptogamie vasculaire du Brésil,* dont nous donnons ici, dans une deuxième partie, le supplément et la révision, a paru le 49ᵉ fascicule de la *Flora Brasiliensis* publiée sous les auspices de Don Pedro II, empereur constitutionnel de ce vaste pays, si dignement régi, véritable paradis terrestre des naturalistes. Ce travail qui ne renferme que les polypodiacées, est dû à M. Baker, collaborateur de M. Hooker dont il a, trop complaisamment peut-être, adopté les idées systématiques. Quoique ce botaniste ait donné des preuves de son savoir et de ses études consciencieuses, il a été dominé évidemment par le désir de suivre pas à pas la route ouverte par son illustre maître dans la réduction des espèces. Ce projet, celui, au reste, de tous les botanistes descripteurs, est des plus sages, mais il faut y mettre de la mesure, autrement il en résulte des rapprochements forcés, des alliances impossibles, des synonymies trop chargées pour être vraies et un certain désordre incompatible avec un bon travail. Peut-être nous reprochera-t-on d'avoir péché dans un sens absolument contraire et d'avoir pris pour espèces de simples formes; il est en effet très-probable que nous ayons pu tomber dans ce défaut, mais nous croyons très-fermement que les inconvénients qui ont dû en résulter pour nos mémoires, ont été considérablement atténués par la publication des planches qui ont toujours accompagné notre texte. Ce sont là des pièces justificatives, mises sous les yeux des botanistes qui peuvent ainsi facilement nous rectifier, s'il y a lieu. Quelle que soit la direction que l'on suive, Hooker ou Mettenius, Kunze ou Link, le travail est toujours sérieux et tend constamment au même but ; mais les yeux reçoivent des mêmes choses une impression différente ; l'importance qui leur est accordée, n'est pas semblable, et il en résulte souvent des jugements contradictoires sur la validité des espèces.

Il n'est pas de famille ou de classe naturelle qui traîne après elle un plus lourd fardeau de synonymies, et cependant il n'en est pas qui ait été autant travaillée. Nous croyons que les genres et les espèces seraient mieux fixés, si les caractères tirés des organes reproducteurs étaient plus nombreux et plus tranchés, et si les formes avaient moins de mobilité. Ces conditions défavorables d'étude, il faut pourtant les accepter en s'aidant de ce je ne sais quoi, qui révèle une création distincte et qui acquiert une véritable importance, s'il vient s'y joindre une modification organique que du reste le facies semblait annoncer, et qu'il n'est jamais bien difficile de trouver.

Sur les 112 genres qui constituent la flore ptéridographique du Brésil et qui renferment environ 860 espèces, il n'en est guère dont on ne puisse justifier la conservation, à moins de consentir à faire des sous-genres de certains d'entre eux, ce qui ne serait à vrai dire qu'une manière de confirmer les différences qui les séparent.

Voyons rapidement quels seraient ceux qui pourraient subir cette déchéance.

Dans le groupe des acrostichées, les genres *acrostichum*, *polybotrya*, *rhipidopteris*, *olfersia*, *gymnopteris* et *chrysodium,* semblent avoir tous une physionomie parfaitement distincte; le *lomariopsis* est un *acrostichum* pinné, mais il présente dans l'ensemble de ses espèces des particularités si curieuses et si rares, qu'il s'en éloigne beaucoup; il en est de volubiles, d'épineuses et d'hétérophylles, à un degré qui a valu à quelques-unes d'entre elles les noms spécifiques de *ludens* et de *variabilis*. Le *L. sorbifolia* offre un exemple éclatant de cette prodigieuse mobilité de formes. Il tient tout à la fois des lomariées par la dissimilitude des frondes stériles et des frondes fertiles, et des acrostichées par la situation des sporanges.

L'*anetium* est un genre ambigu ayant le port des *antrophyum* avec des sporanges superficielles et sporadiques. L'*heteronevron* pourrait, sans trop d'inconvénients, être réuni comme sous-genre au *gymnopteris*. Les genres *lomaria* et *blechnum*, très-voisins par certaines espèces, diffèrent cependant essentiellement par certaines autres. Le genre *hewardia* n'est séparé des *adiantum* à sporothèces continus (*synechia*) que par des nervilles anastomosées. Les ptéridées se divisent très-naturellement en deux petits groupes, l'un à frondes une ou plusieurs fois pinnées, l'autre à frondes palmato-pédiaires; au premier appartient le *litobrochia*, véritable *pteris* à nervilles en anastomoses, au second le *pellœa* à nervilles simples et le *doryopteris* à nervilles anastomosées, l'un et l'autre des plus polymorphes. Le genre *gymnogramme*, quoique très-voisin des *phegopteris*, a des espèces dans lesquelles la disposition sériale des sporanges est des plus manifestes, caractère qui s'affaiblit peu à peu et perd de sa valeur dans la série, c'est alors que le passage de l'un à l'autre genre se montre évident. Le genre *ceropteris* n'est à vrai dire qu'un *gymnogramme* à sécrétion céreuse ou résineuse, condition physiologique dont il n'est pas possible néanmoins de contester la valeur. M. le Dr Fournier, dans son beau travail des fougères du Mexique, a décrit et figuré un *asplenium*, l'*A. Ghiesbreghtii*, dont les nervilles sont anastomosées. Ce serait là, d'après le système de Presl, un genre distinct et nouveau. L'*antigramme* n'est à bien voir qu'un *scolopendrium* à nervilles anastomosées, même port, même forme. Le *diplazium* a une parenté très-étroite avec le genre *asplenium*, mais s'il est des espèces qui se rapprochent, il en est d'autres qui prennent une physionomie spéciale. Il est probable que les auteurs seront longtemps divisés sur la question de savoir s'il convient de les unir ou de les séparer. Ainsi nous ne voyons pas quels pourraient être les genres du groupe des polypodiées qu'il conviendrait de rejeter. Peut-être même devrait-on conserver le genre *lepicystis* de J. Smith pour y renfermer ces *goniophlebium* écailleux, si singuliers d'aspect et si difficiles à classer en raison de la nervation qui souvent échappe aux recherches les plus obstinées. Le genre *heteropteris*, ptéridée par le port et la situation des sporothèces, polypodiée par la manière dont ces sporothèces sont groupés, est très-anomale et particulière au Brésil; il en est peu de plus curieuses. Les cyclodiées ont pour type le genre *polystichum* à sporothèces tantôt nus et tantôt indusiés; à côté de lui vient se placer l'*hemicardion*, remarquable par la manière singulière dont les oreillettes des pinnules s'imbriquent sur le rachis. Les aspidiées, si richement représentées par le genre *aspidium*, type du groupe, sont voisines par le port des *phegopteris* et si l'indusium, qu'il n'est pas toujours facile de trouver, fait défaut, on est exposé à faire passer les espèces de l'un dans l'autre genre. Le *lepidonevron* et le *nephrolepis*, le *cardiochlœna* et le *bathmium* que les auteurs ne sont pas tous disposés à adopter, sont cependant séparés par la forme de l'indusium, orbiculaire ou peltiforme, et par conséquent diversement attaché. Le *stenoloma*, tribu des davalliées, confine avec le genre *lindsaya*, quoique très-différent de port. Parmi les alsophilées, l'*hemithelia* et l'*hemistegia* se rapprochent notablement, n'étant séparés que par un indusium légèrement modifié.

Cette revue, quoique fort rapide et donnée en termes restreints, peut cependant suffire pour montrer l'inutilité d'une réforme générale. Quoi que l'on puisse faire plus tard dans cette voie, il est bien douteux qu'il se produise rien de définitif. Les familles dissidentes, hyménophyllacées, gleichéniacées, schizéacées et autres familles à genres restreints, échappent presque toutes à la controverse, aussi n'en dirons-nous rien.

Nous n'avons pu puiser dans l'ouvrage de M. Baker qu'avec une très-grande réserve, nous contentant presque toujours de relever des localités et d'indiquer un nombre très-réduit d'espèces bien distinctes, destinées à compléter la flore ptéridographique à laquelle nous consacrons tous nos soins. M. Baker en a étendu le domaine jusqu'aux Guyanes, et quoique, sous le rapport de la géographie botanique, il ne puisse en être blâmé, nous n'avons pas voulu l'y suivre. Mais il nous a paru utile de décrire succinctement, d'après ce botaniste, les fougères des bords du Rio-Negro et de l'Amazone, celles du Maragnon, du Para et de Saint-Paul dont nous avions indiqué les richesses avec trop de parcimonie, nos matériaux provenant surtout des recherches persévérantes de M. le Dr Glaziou, dans la province de Rio-Janeiro, à la vérité de beaucoup la plus riche et la mieux étudiée, grâce à ce botaniste infatigable. C'est par là que M. Baker aura contribué à la fondation définitive d'une flore du Brésil, si tant est qu'on puisse jamais en réunir tous les éléments.

Strasbourg et Paris, 1869-1873.

Cet ouvrage, qui clôt la série des Mémoires sur la famille des fougères, a été édité aux frais du gouvernement brésilien par décision du 10 février 1872, sous le ministère de S. Exc. M. Théodore Machado, Freire Pareira da Silva, ministre du commerce, de l'agriculture et des travaux publics. Cette mesure généreuse, et toute spontanée, ajoute aux sentiments de gratitude que d'autres témoignages de haute estime avaient déjà fait naître chez l'auteur.

CRYPTOGAMES VASCULAIRES

DU BRÉSIL.

DEUXIÈME PARTIE, SUPPLÉMENT ET RÉVISION.

I. FOUGÈRES.

I. POLYPODIACÉES.

I. ACROSTICHÉES.

1. ACROSTICHUM, F., *Hist. des acrostich.*, p. 8 et 27, pl. 1, 24 [1].

I. OLIGOLÉPIDÉES (écailles peu abondantes).

* *Frondes ovales-lancéolées, lancéolées ou ovoïdes.*

1*. LATIFOLIUM, Sw., *Fl. Ind. occid.*, III, 1589; F., *Hist. des foug. et des lycop. des Antilles*, p. 1. *Crypt. vasc. Brés.*, p. 1. — *A. longifolium*, Sw., *Syn. fil.*, p. 9. — *Aconiopteris longifolia*, F., *Hist. acrost.*, p. 80, T. 41. — (Rio-Janeiro [2]. Glaziou, n⁰ˢ 948 et 4374. Serra do Couto, n⁰ 3157.) — Elle est terricole et l'une des plus belles et des plus robustes du genre. Les frondes sont semi-

---

1. Nous suivons pour les tribus, les genres et les espèces, l'ordre numérique adopté dans la première partie et renvoyons à la pagination pour les espèces sur lesquelles nous revenons.

2. Par Rio-Janeiro nous désignons la province de ce nom et presque toujours la Serra os Orgaos (tés Orgues).

cartilagineuses et à demi opaques; la souche est dressée, très-fibrilleuse. Les nervilles se rendent à la marge, qui est épaisse et où elles vont se terminer. Récoltée plus ou moins large, elle est devenue spécifiquement *latifolium* ou *longifolium*. Swartz, en parlant de cette dernière forme, dit des frondes fertiles : *spiraliter convolutis*, ce qui ne saurait être qu'une circonstance accidentelle. Les nervilles de l'*Aconiopteris longifolia* s'unissent en arc vers la marge et nous ne trouvons pas ici ce caractère, du reste assez léger, quoique les formes soient absolument semblables.

3. ALISMÆFOLIUM, F., *l. c.*, p. 28, T. 3 (et non pas T. 28, f. 3). — (Glaziou, n° 4366. Alto-Macahe.) — Ce spécimen est moins robuste que le type de la Guadeloupe; les frondes ne sont point opaques. Le rhizome est rampant, gros comme le doigt et couvert de belles écailles brunes, linéaires et un peu crêpues. Cette plante conserve sa couleur verte par la dessiccation. L'espèce suivante en diffère peu.

† 3². MACAHENSE, F.

Frondibus sterilibus lanceolatis, utrinque acutis, basi longe decurrentibus; mesonevro subtus albidulo, gibboso, supra vix canaliculato; laminis viridibus, papyraceis, translucidis; fertilibus longioribus, lanceolatis, petiolo longissimo, depresso, quadricanaliculato, laminis nudis; nervillis horizontalibus, siccitate kermesinis; sporangiis oblique rotundatis, annulo crasso, 12 articulato, articulis remotis; sporis rotundis, nigrescentibus, papillatis.

Habitat in Brasilia fluminensi. (Glaziou, n° 4367 et 4368, Alto-Macahe.)
Filix arboricola, papyracea, pagina inferiori frondium punctulis (vestigiis squamarum) notata; surculo crasso, erecto.

Icon. : *Tab. LXXIX, fig. 1.*

(Longueur des frondes stériles : 36-40 centim. sur 4 centim. de largeur au centre; le pétiole égale la lame; fronde fertile de même longueur sur 2 centim. de largeur au centre.)

Ce qui caractérise cette espèce se trouve dans la décurrence considérable des lames, ailées presque jusqu'à leur point d'attache, dans la dissimilitude de couleur des frondes fertiles, qui sont de couleur de kermès; enfin, par la présence sur la lame inférieure des frondes stériles d'une infinité de petits points brunâtres, ébauches ou débris d'écailles. Dans l'*A. alismæfolium*, F., la souche est rampante, les lames ne sont pas décurrentes sur le pétiole, et la dissimilitude de couleur des frondes fertiles ne s'étend pas au delà des lames, les nervilles n'atteignent pas la marge et se renflent au sommet ; ajoutons que les spores, épisporiés et non papilleux, sont plus décidément réniformes. Du reste, la forme générale des frondes et leur consistance sont pareilles. Voyez F., *Hist. acrost.*, p. 28, T. 3, pour comparer.

5. CRASSINERVE, Kze., *Ind. Filic. Hort. Leips.* 1845. F., *Crypt. vasc. Brés.*, p. 2. — Cette espèce, qui n'a point été figurée par nous, laisse des doutes sur sa détermination. Il n'est guère facile de mettre d'accord la synonymie qu'on y rattache. Nous croyons la reconnaître dans le n° 5375 (*partim*) provenant de M. Glaziou ; le nom spécifique, exprimant que les nervilles sont épaisses, *crassinervatæ*, ne serait justifié que par les frondes fertiles.

8. LINGUA, Radd., *Fil. Brasil.*, p. 5, T. 15 ; F., *Hist. acrost.*, p. 33 ; *Crypt. vasc. Brés.*, p. 2. — (Glaziou, Rio-Janeiro, n° 2150. Itatiaia, n° 5376.) — Ce dernier spécimen a des lames fertiles, obtuses, dont la base est légèrement cunéiforme ; les pétioles sont noirâtres inférieurement et attachés sur un rhizome horizontal, sillonné et nu ; les nervilles sont presque horizontales. Les frondes fertiles, très-longuement pétiolées, ont des lames lancéolées, toutes obtuses. Les mésonèvres des frondes stériles sont comme renflés et noduleux.

† 9¹. OVATUM, F.

Frondibus dissimilaribus, cartilagineis, opacis; sterilibus ovatis, acuminatis, cuneiformibus, basi leviter, paululum decurrentibus; fertilibus lanceolatis, acutis, longioribus, siccitate lutescentibus, glabris, in ambobus petiolo tenui helveolo, inferne nigrescente; squamis lanceolatis, longe acuminatis involuto; rhizomate recto, crassitudine pennæ anseris; sporangiis satis parvis, annulo spisso, 12 articulato; sporis rotundis, papillatis, nigrescentibus.

Habitat in Brasilia fluminensi. (Glaziou, n° 4357.)

Filix opaca, spissa, glabra, laminis sterilium punctatis (vestigiis squamarum) notata.

ICON. : *Tab. LXXX, fig. 2.*

(Longueur des frondes stériles : 20-24 centim. de longueur sur 4-4,5 de largeur au centre ; le pétiole est un peu plus long que les lames ; les frondes fertiles ont 28-30 centim. de longueur ; les lames mesurent 3,5-4 centim., elles sont portées sur un pétiole de 12-14 centim.)

Cette espèce diffère de l'*A. ovalifolium*, F., par des frondes stériles acuminées, d'une consistance plus ferme, et comme cartilagineuse, par des frondes fertiles discolores, par des pétioles plus raides, par des lames stériles ponctuées et glabres ; les unes et les autres naissant écartées sur un rhizome rampant, écailleux, sans radicelles apparentes. Elle se rapproche de l'*A. Lingua*, Radd., avec une squamescence et une radication différentes. Le rhizome de cet *acrostichum*, infusé dans l'eau, la colore en jaune et lui communique une saveur légèrement sucrée, analogue à celle de l'infusion de réglisse; beaucoup de rhizomes de fougères sont dans le même cas et notamment plusieurs *polypodium*.

10. HYMENODIASTRUM, F., *Crypt. vasc. Brés.*, p. 3, T. 5. — (Glaziou, n° 4373; Petropolis, à la cascade.) — Cette forme reproduit très-exactement le caractère spécifique tiré de l'anastomose de nervilles dans le voisinage de la marge, mais les frondes stériles ont leur plus grand diamètre vers le tiers inférieur, ce qui leur donne un aspect ovoïde; le mésonèvre, du côté inférieur de la marge, au lieu d'être simplement canaliculé, est parcouru par quatre faisceaux vasculaires qui lui donnent un aspect strié. Serait-ce une espèce distincte? mais l'établir sur le simple caractère différentiel indiqué serait trop se hasarder.

† 10ᵉ. PRODUCENS, F.

> *Frondibus firmis, coriaceis, opacis, glabris; sterilibus ovoideis, obtusis, marginibus incrassatis, basi acutis, longissime decurrentibus, petiolo depresso, trisulcato, helveolo; mesonevro albido, superne plano, flexuoso, inferne leviter curvato, passim noduloso; fertilibus lanceolatis, obtusis, siccitate rufescentibus, basi decurrente, petiolo lato, depresso, sulcis pluribus peragrato; rhizomate horizontali, squamas latas, ovoideas ferente; sporangiis ovatis, annulo crassissimo, 14-16 articulato; sporis magnis, rotundis, episporio lacerato vestitis.*
>
> *Habitat in Brasilia fluminensi prope Itatiaia, altit. 2,400ᵐ.* (Glaziou, n° 5378.)
>
> *Filix robusta, spissa, stipitibus dilatatis, sulcatis, necnon laminis longe decurrentibus notata.*
>
> ICON. : *Tab. LXXX, fig. 1.*

(Longueur des frondes stériles : 38-42 centim. sur 5-6 dans la plus grande largeur; le pétiole dépasse la lame de 3 à 5 centim. seulement; frondes fertiles, 50-55 centim. sur 2,6-3 centim. de largeur; la lame fait la moitié de la longueur totale.)

Cette espèce est nettement caractérisée par la dépression très-marquée des pétioles et du rhizome, celui-ci est couvert d'écailles fauves, ovales et assez grandes.

Les pétioles, nigrescents à la base, sont parcourus par des sillons plus nombreux chez les frondes fertiles que chez les stériles; les mésonèvres sont très-larges; les lames se terminent en pointe et fournissent par décurrence une marge dont on peut suivre le trajet sous forme d'un bourrelet très-apparent. C'est là ce qu'exprime le nom spécifique *producens* (qui se prolonge).

13. LECHLERIANUM, Metten., *Filic. Lechl.*, p. 4 et non p. 9. — M. Mettenius en parle comme d'une espèce grimpante qu'il rapproche de notre *A. flaccidum*, F., *Hist. acrost.*, p. 35, T. 7, et de l'*A. scandens* du même ouvrage, p. 33. Les frondes sont papyracées, ovales-acuminées, un peu raides, glabres en dessus et portant inférieurement de petites écailles lacérées. La marge est épaissie, presque calleuse; les frondes fertiles sont linéaires-lancéolées, atténuées au sommet et à la base, glabres en dessus et chargées abondamment de sporanges. (N. V.)

14. MINUTUM, Pohl., *Herb. Vindob.;* F., *Hist. acrost.*, p. 39, T. 10, fig. 3. — (Rio-Janeiro, Glaziou, n° 5377, *sterilis.*) — Frondes épaisses, coriaces, opaques; mésonèvre blanchâtre, assez large; lames lancéolées, obtuses, pétiole déprimé, écailleux, assez court, un peu flexueux et noirâtre inférieurement; rhizome horizontal, aplati, avec des écailles ovales, obtuses, à marge entière.

14². CRASPEDARIÆFORME, F., *Crypt. vasc. Brés.*, p. 261. — Le n° 3550 de M. Glaziou, sur lequel nous avions établi cette espèce, était stérile; depuis lors nous l'avons reçue (n°ˢ 4360, 4365 et 5369) sous ses deux états. La fronde fertile est beaucoup plus petite, à pétiole écailleux ainsi que le pétiole des frondes stériles; la lame est en ellipse et mesure à peine 2,5 centimètres de hauteur sur 9-10 millimètres de largeur; elle est abondamment couverte de sporanges, couleur de tabac; l'anneau est épais, il porte 14 articulations et se détache facilement du sacculus; les spores sont très-gros, brunâtres et anguleux dans leur pourtour. Elle rampe sur les troncs à la manière des *craspedaria*, circonstance qui lui a valu son nom spécifique.

ICON.: *Tab. LXXXI, fig. 1.*

21. MOLLISSIMUM, F., *Crypt. vasc. Brés.*, p. 7, T. 2, fig. 3. — (Serra os Orgaos, Glaziou, n° 4361.) — Bien caractérisé par la marge de la fronde fertile, assez large, pellucide et crénelée.

23. SPISSUM, F., *Crypt. vasc. Brés.*, p. 8, T. 2, fig. 2. — Cette espèce n'est peut-être que l'*A. Lingua*, Radd., réduit dans ses proportions?

24. ERINACEUM, F., *Hist. acrost.*, p. 41 ; ejusd., *Crypt. vasc. Brés.*, p. 8 et 237. —
(Rio-Janeiro, Serra os Orgaos; Glaziou, n° 4363 et, par le même botaniste,
n° 5368, à Itatiaia.) — Le spécimen n° 5368 est moins grand que les autres,
à pétioles plus grêles; les lames sont papyracées et très-souples.

 ICON. : *Tab. LXXXII*, fragments analytiques.

† 24². INSIGNE, F.

 *Frondibus sterilibus magnis, lanceolatis, obtusis, basi rotundatis, papyraceis,
translucidis; nervillis bifurcatis, fere horizontalibus; mesonevro valido,
inferne planiusculo, superne anguste canaliculato, squamis fuscis, facile
delabentibus, ad mesonevron patulis, ad margines imbricatis minoribusque;
petiolo robusto, sulcato; squamis fuscis, linearibus, deorsum inflexis; surculo
crasso, squamas fulvas gerente; frondibus fertilibus minoribus, glabris,
petiolis sulcatis, sporangiis tabacinis, rotundis, annulo 10-12 articulato;
sporis ovoideis.*

  Habitat in Brasilia fluminensi, Itatiaia. (Glaziou, n° 5369.)

 Filix formosa, papyracea, squamis secundum partes varias frondium diversis.

 ICON. : *Tab. LXXXII, fig. 1, cum fragmentis A. erinacei ad comparandum.*

(Les frondes mesurent 80 centim. et peuvent sans doute atteindre un mètre de longueur; le
pétiole en fait la moitié; la largeur est de 7-9 centim.)

Dans l'*A. erinaceum*, très-différent de taille, de grandeur, de consistance et de
forme, les écailles de la marge sont étalées comme les cils; dans notre espèce, ils
sont à l'état d'imbrication. Il est digne de remarque de voir les écailles varier de
forme sur chacune des parties de la fronde. A considérer la quantité des écailles qui
chargent cette plante, il semblerait qu'elle doit, ainsi que l'*A. erinaceum*, F., avoir
une place dans la section des polylépidées; mais ici elles ne sont pas généralisées et
n'occupent que la marge et les parties vasculaires, mésonèvre, pétiole et rhizome;
tandis que dans les véritables polylépidées les lames sont envahies et recouvertes
par elles.

Nous venons de recevoir cette belle espèce à l'état fertile et trop tard pour pouvoir
la figurer. M. Glaziou nous apprend que cette magnifique plante vit au bord des
ruisseaux et dressée; tandis que l'*A. erinaceum* est couché sur les rochers secs ou
suspendu contre leurs parois.

24³. HIRTIPES, F., *Crypt. vasc. Brés.*, p. 238, T. 76, fig. 1. — (Rio-Janeiro, Glaziou,
n°ˢ 3548 et 4652.) — Les frondes fertiles sont roussâtres; les mésonèvres
étroits et canaliculés sur les deux faces. Elle est fort distincte.

† 24¹. OMPHALODES, F.

*Frondibus debilibus, cæspitosis, ovatis, petiolis flexuosis; sterilibus ovatis, acu-
tis, basi subcordiformibus, margine undulatis, ciliatis; nervillis crassis,
fuscis, squamas lanceolatas, acuminatas ferentibus; fertilibus ovatis, obtusis,
basi subcordiformi, lamina superiori squamosa, petiolis longioribus, squa-
matis; sporangiis tabacinis, breve petiolatis, parvulis, annulo crasso,
10 articulato; sporis irregulariter rotundatis.*

    *Habitat in Brasilia fluminensi in cacumine montis vulgo dicti Itatiaia,
altitud. 2,500^m.* (Glaziou, n° 5369.)

*Filix tenera, flexibilis, translucida, mesonevro evanescente, petiolis flexuosis,
filiformibus, squamis patulis, rufis; caulibus crassitudine fili emporetici.*

Icon.: *Tab. LXXXI, fig. 2.*

(Longueur des frondes stériles, 10-13 centim.; la lame mesure 5-6 centim. sur 2,5-3 centim.
de largeur; les frondes fertiles de même hauteur ont une lame de 4 centim. de hauteur sur 12
à 14 millim. de largeur.)

Quoique cette plante soit placée à côté de l'*A. insigne*, elle n'en a ni la forme,
ni les dimensions, mais uniquement la même vestiture; écailles dorées sur la
souche, qui est assez petite et qui cependant réunit jusqu'à 10 et même
12 frondes : écailles étroitement appliquées sur les lames, de même structure et
de même couleur, étalées à la marge en manière de cils; voilà les seuls rapports qui
existent entre les deux espèces. Il nous a semblé que les frondes rappelaient assez
exactement les feuilles de la Cynoglosse omphalode, et qu'elles justifiaient suffisam-
ment le nom spécifique donné par nous à cette jolie espèce.

    ** *Frondes linéaires ou tendant à cette forme.*

25. MARTINICENSE, Desv., *Herb. Paris.;* F., *Crypt. vasc. Brés.*, p. 8. — Effacer les
mots: « n'a pas encore été figurée ».

† 25². RIGIDUM, F.

*Frondibus anguste lineari-lanceolatis, basi apiceque longe attenuatis, opacis,
rigidis, cartilagineis, glaberrimis, marginibus paululum revolutis; sterilibus
breve petiolatis, petiolo canaliculato; fertilibus acutis, petiolo longiusculo;
rhizomate extenso, fibrilloso, squamas parvas, fuscas, ovatas, acuminatas
ferente; sporangiis rotundis, annulo 12 articulato; sporis ovoideis, nudis
vitreisque.*

Habitat in Brasilia fluminensi. (Glaziou, n° 4371, barrière des Orgues.)
Filix angusta, rhizomate fibrilloso, horizontaliter excurrente.
Icon. : *Tab. LXXXIII, fig. 1.*

(Longueur des frondes stériles : 16-20 centim. sur 8-9 millim. de largeur; pétiole assez court; les frondes fertiles de même longueur, un peu plus larges et pointues, mais non acuminées; le rhizome ne dépasse pas la grosseur d'une plume de pigeon.)

Cette espèce prend place à côté de l'*A. Martinicense.* Les pétioles sont courts et consistent uniquement dans la terminaison des lames; les marges se replient légèrement sur elles-mêmes; le rhizome, très-délié, est horizontal; la plante a, dans son ensemble, l'apparence d'un *drynaria*, section des *pleopeltis*, à frondes simples, aspect que l'on retrouve dans l'*A. Martinicense*, d'ailleurs différent.

25³. STRAMINEUM, F., *Crypt. vasc. Brés.*, p. 238 et 261. — (Serra os Orgaos, Glaziou, n° 3322 et, en 1871, nᵒˢ 3549, 4362, 4372 et 5366.)
Icon. : *Tab. LXXXIV, fig. 2.*

Les frondes stériles et les frondes fertiles sont tout à fait différentes de forme; ces dernières ont une lame cordiforme, un peu obtuse au sommet et de consistance assez ferme; les stériles, beaucoup plus grandes, sont arrondies à la base et terminées en une longue pointe ondulée; la souche porte de longues radicelles soyeuses.

† 29². GRACILE, F.

Frondibus sterilibus linearibus, flexibilibus, elongatis, curvatis, undulatis, basi cuneiformibus, nervillis marginem non attingentibus, puncto translucido terminatis; mesonevro albido; petiolo tenui, anguste canaliculato, stipitibus gracilibus, canaliculatis, helveolis, squamosis, squamis rufis, anguste linearibus; fertilibus semi-minoribus, lamina elliptica utrinque acuta, marginibus anguste replicatis, petiolo debiliori, filiformi; sporangiis rufescentibus, annulo crasso, 12 articulato; sporis fuscis, subreniformibus, papillatis.
Habitat in Brasilia fluminensi. (Glaziou, n° 5374 *normalis* et 4651 *parvula.*)
Filix gracilis, mesonevro squamoso, margine paululum undulato; rhizomate crassiusculo, squamis piliformibus onusto.
Icon. : *Tab. LXXXIII, fig. 2.*

(Longueur des frondes stériles, 22-28 centim.; largeur, 8-9 millim.; le pétiole est à la lame :: 1 : 4; les fertiles sont de moitié plus petites, avec une lame de 5-6 centim.)

Plante arboricole, grêle, très-souple, pendante, à marges ondulées, surtout vers le quart supérieur de la fronde; les frondes fertiles sont étroitement repliées en leurs bords de dehors en dedans. La diagnose microscopique permet de voir nettement de petits pores translucides dont la surface du sacculus est criblée.

30². HERMINIERI, F., *Hist. acrost.*, p. 43, T. 11. — Elle est de toutes les espèces du genre l'une des plus distinctes par ses frondes fertiles presque radicales. Depuis que nous avons décrit cette plante sur des spécimens de la Guadeloupe, elle a été trouvée à Panama, à Cuba et à la Guyane.

† 31². ACUTUM, F.

Frondibus sterilibus lineari-lanceolatis, utrinque acuminatis, opacis, hirsutis, squamis rufis, prostratis, lanceolatis, longe acuminatis; petiolis rigidis, squamosissimis, squamis crispis, irregulariter patulis rufisque; fertilibus minoribus, laminis ellipticis, margine plicatis, petiolis subnudis; sporangiis tabacinis, pedicello lato donatis, annulo crassissimo, 12 articulato; sporis fuscis, papillatis.

Habitat in Brasilia fluminensi. (Glaziou, n° 5373.)

Filix rigida, opaca, squamis fuscis in utraque lamina evolventibus; rhizomate repente.

ICON.: *Tab. LXXXIII, fig. 3.*

(Longueur des frondes stériles : 13-16 centim. sur 7-9 millim. de large; le pétiole est à la lame :: 1 : 2; les stériles un peu plus petites, avec une lame de 5 centim. sur 8 millim. de largeur; elle fait un peu plus du tiers de la longueur totale.)

Les frondes sont un peu raides, souvent légèrement arquées; les écailles que l'on retrouve sur toutes les parties de la plante, sont éparses et couchées sur les lames, étalées et en très-grande quantité sur le pétiole des frondes stériles; on ne les retrouve plus qu'en très-petit nombre sur le pétiole des frondes fertiles, et elles manquent complétement sur les lames qui sont épaisses, obtusiuscules et qui portent le long des marges de petites fossettes noirâtres assez profondes et très-caractéristiques.

31³. OBLIQUATUM, F., *Crypt. vasc. Brés.*, p.261.—- (Rio-Janeiro, Glaziou, n° 3545; par le même, n°ˢ 4358, 4359, 5370.) — Le nom spécifique est parfaitement justifié par l'obliquité des lames stériles qui sont opaques, longuement pédicellées, terminées en pointe et un peu décurrentes; on y trouve quelques écailles, les pédicelles sont très-grêles, presque filiformes et gramineux; les frondes fertiles, que d'abord nous n'avions pas vues, sont de même forme, un peu plus petites, à lame pointue et plus étroites; les sporanges ont un anneau qui porte de 12 à 14 articulations; les spores sont arrondis.

    ICON.: *Tab. LXXXIV, fig. 1.*

32. PRÆLONGUM, F., *Crypt. vasc. Brés.*, p. 9, T. 3, fig. 2.—(Rio-Janeiro, Glaziou, nᵒˢ 952, 2433, 2800 et 2855; avec des frondes plus étroites, nᵒˢ 4369 et 4370.)

33*. CHRYSOLEPIS, F., *Crypt. vasc. Brés.*, p. 10, T. 2, fig. 1. — Glaziou, nᵒ 2435, *forma minor* et *magis acuminata; A. acuminans, l. c.*, p. 12, T. 1, fig. 2. Glaziou, nᵒˢ 951, 2437 et 2438. *A. auricomum*, Baker, non Kze., *in Linnæa*, IX, p. 28. Le véritable *A. auricomum*, dont nous avons dû, autrefois, la communication à feu notre ami Kunze, atteint des proportions supérieures à nos deux espèces, avec un pétiole marginé dans les frondes fertiles et très-court (*brevissimum, in descriptione*) dans les frondes stériles.

II. POLYLÉPIDÉES.

31°. BEAUREPAIREI, F.

Frondibus cæspitosis, oligolepideis, sterilibus pugioniformibus, basi angustio-ribus rotundatis, apice acutis, marginibus undulatis, nervillis marginem non attingentibus, puncto translucido terminatis, laminam superiorem inqui-nantibus, mesonevro fusco, superne plano, inferne canaliculato, squamis rufis, linearibus onusto; petiolo squamoso, squamis lanceolatis, patulis abunde vestitis; frondibus sterilibus longe petiolatis, petiolo gracili, parce squamoso, laminis oblongis, acutis, marginibus anguste replicatis; sporotheciis rotundis, annulo crasso, 14 articulato, sporis....

    Habitat in Brasilia fluminensi. (Glaziou, 1872, nᵒ 5383.)

Filix habitu grato, pugioniformi, surculo crassiusculo, squamis parvis, rigidis, fuscis vestito; laminis inferioribus cum squamis parvis, stricte applicatis, notata.

    ICON.: *Tab. LXXIX, fig. 2.*

(Longueur des frondes stériles, 30-33 centim., sur 2 centim. dans la plus grande largeur; le pétiole est à la lame : : 1:5; les fertiles, 14-16 centim.; le pétiole, 11 centim., et la lame, 5 sur 9-11 millim.)

Cette espèce est des plus distinctes et remarquable par la squamescence qui diffère suivant les diverses parties de la plante; les écailles hérissent le pétiole des frondes stériles, ainsi que le mésonèvre; les écailles des lames sont très-minces et appliquées; elles laissent après leur chute un petit débris ponctiforme. Les frondes stériles, de forme lancéolée, s'amincissent vers la base et s'élargissent peu à peu vers le haut, de manière à avoir leur plus grande largeur en approchant du sommet, qui s'amincit assez brusquement en pointe; elles ressemblent à une lame de sabre, et le nom spécifique *pugioniforme* lui eût été très-convenablement appliqué.

† 38². ELEGANS, F.

> *Frondibus lineari-lanceolatis, in acumine angusto, abrupte terminatis, basi attenuatis, sterilibus longe petiolatis, laminis densissime squamosis squamis aureis, ad petiolos patulis, omnibus lanceolatis, ciliatis; stipitibus helveolis, tenuibus, sulcatis; fertilibus angustioribus, acuminatis, apice tomentoso; sporangiis tabacinis, rotundis, annulo crasso 12 articulato; sporis statu episporiato, irregulatim rotundis, nudis, subreniformibus.*
>
> > *Habitat in cacuminibus montis vulgo dicti Serra os Orgaos.* (Glaziou, n° 4353, au midi du Pedra Açu.)
>
> *Filix splendidissima, in omnibus partibus squamosa, squamis ad mesonevron densioribus et intensim coloratis; surculo squamis rigidis nitentibus vestito.*

ICON. : *Tab. LXXXV, fig. 1.*

(Longueur des frondes stériles, 36-40 centim. sur 2,5 centim. de largeur avec un pétiole de 15-17 centim.; les frondes stériles, 30 centim., dont la lame fait le tiers; elle n'excède guère 1 centim. de largeur. Le spécimen figuré a été un peu réduit dans ses proportions.)

Cette belle espèce, l'une des plus remarquables du genre, se rapproche de l'*A. splendens* de Bory, trouvé par cet ami à Bourbon et figuré par nous (*Histoire des acrost.*, p. 60, T. 21, fig. 2). L'*A. elegans* se termine obtusément et non en pointe, avec des lames qui s'amincissent en coin à la base; la squamescence des deux plantes n'est pas la même, non plus que le port. On peut aussi signaler quelques rapports entre notre espèce et l'*A. cuspidatum*, également figuré par nous (*ouvrage cité*, p. 57, T. 14, fig. 2); mais ces rapports sont encore plus éloignés. Les frondes de l'*A. elegans*, F., naissent rapprochées sur une souche dressée, chargée d'écailles étalées, luisantes et d'une couleur rouge-brun très-foncée.

† 39². VISCIDUM, F.

Frondibus cœspitosis, anguste lanceolatis, obtusiusculis, basi cuneatis, squamosis, squamis bicoloribus, biformibusque, ad laminas superiores albidulis planis, dissectis, ad laminas inferiores rubiginosis; ad petiolos gracilioribus lanceolatis, acuminatis, rufis, divergentibus, fertilibus conformibus sed angustioribus et petiolo longiori; sporangiis tabacinis, rotundis, annulo crasso, 12 articulato; sporis nigris, rotundis.

    Habitat in Brasilia fluminensi ad Itatiaia. (Glaziou, n° 5372.)

Filix viscosa, squamosa, surculo repente, squamis fuscis, rigidis, linearibus onusto.

ICON. : *Tab. LXXXVI, fig. 1.*

(Longueur des frondes, 16-18 centim.; lames stériles, 9-11 centim. sur 9-11 millim. de largeur; lames fertiles, 7-9 sur 5-6 millim. de largeur.)

Lorsque nous avons reçu cette fougère, elle adhérait au papier sur lequel elle avait dessiné sa forme. Il existe une espèce, acceptée depuis longtemps sous le nom spécifique de *viscosa*, dont la patrie est extrêmement étendue; elle n'a point de rapport avec notre plante.

† 39³. ANGUSTUM, F.

Frondibus linearibus, rigidis, opacis, obtusiusculis; sterilibus et fertilibus conformibus, laminis superioribus squamis albis sparsis vestitis, aliquando subnudis; laminis inferioribus squamosis, squamis fulvis; sporangiis ovatis, annulo latissimo, 12 articulato; sporis polymorphis.

    Habitat in summitatibus Serra os Orgaos. (Glaziou, n° 4355.)

Filix parvula, frondibus cœspitosis, spissis; rhizomate crasso, squamas parvas, piliformes, fuscas ferente.

ICON. : *Tab. LXXXVI, fig. 3.*

(Longueur: 6-7 centim. sur 4-5 millim. de largeur; le rhizome atteint la grosseur d'une plume d'oie; il est chargé à la base des débris de pétioles appartenant aux végétations antérieures.)

Cette petite espèce se rapproche de l'*A. squamatum*, Sw.; la marge des frondes stériles est repliée sur elle-même pour former une mince bordure. Willdenow parle de l'*A. squamatum* comme d'une plante naine, mesurant seulement d'un pouce à un pouce et demi de hauteur.

40. GARDNERIANUM, Kze., *Herb.*, F., *Hist. des acrost.*, p. 55, T. 15, fig. 3. *Crypt. vasc. Brés.*, p. 11. — (Rio-Janeiro, Glaziou, n° 2493, stérile; par le même, à

Alto-Macahe, sur les arbres, n° 4364, fertile.) — Cette plante rappelle le nom
de M. Gardner qui a exploré le Brésil, sous le rapport botanique, avec un
rare bonheur; le spécimen que nous avons sous les yeux porte une grosse
souche dressée, très-fibrilleuse, sur laquelle se dressent six frondes remarquables par de très-belles écailles ciliées, étalées sur les lames et plus abondantes vers la marge; toute la plante est robuste et sa longue durée se trouve
justifiée par la présence, sur les lames, de plusieurs ébauches de *parmelia*.

† 40². Liaisianum, Glaz. *In litteris.*

Frondibus cæspitosis, opacis; sterilibus lanceolatis, obtusis, basi cuneiformibus,
discoloribus, laminis superioribus albidulis, squamas scariosas, albas ferenti-
bus; laminis inferioribus rufescentibus cum squamis ovoideis, ciliatis im-
mixtis; petiolis tenuibus, squamas acuminatas, lanceolatas, fulvas, margine
integras ferentibus; fertilibus sublongioribus conformibus; sporangiis ro-
tundatis cum squamis immixtis; annulo 12 articulato; sporis atris, leviter
papillatis.

   Habitat in Brasilia fluminensi, prope Itatiaia, in fissuris rupium; alti-
tudine 2,600ᵐ. (Glaziou, n° 5371.)

Filix parvula, spissa, squamosissima, squamis forma varia.
Icon. : *Tab. LXXXVI, fig. 2.*

(Longueur des frondes stériles, 6-8 centim. sur 9-11 millim. de largeur; les pétioles égalent
la lame en longueur; les fertiles atteignent à peu près les mêmes dimensions.)

Cette petite espèce est épaisse et chargée de squames dans toutes ses parties,
surtout la lame inférieure des frondes qui varie beaucoup dans ses dimensions, si
nous en jugeons d'après nos spécimens; le rhizome est relativement très-gros,
fibrilleux, avec des écailles brunes, presque linéaires, très-raides. Les sporanges,
entremêlées de nombreuses écailles, comme dans le genre *Pleopeltis*, sont lancéolées, denticulées à la marge et acuminées.

41. Langsdorffii, Hook. et Grev., *Icon. filic.*, T. 164. Mart., *Fil. Bras.*, p. 83, T. 21.
   — (Glaziou, Serra os Orgaos, n° 1763, stérile; par le même, n° 4354, fertile.) —
   Nous persistons à croire que la plante, figurée par MM. Hooker et Greville, diffère
   de la plante donnée par Martius. C'est à la première de ces plantes que se
   rattachent les spécimens Glazioviens. Nous allons ajouter à sa description
   quelques particularités destinées à la mieux faire connaître. Elle atteint jusqu'à

60 centim.; les pétioles sont fort longs et couverts d'écailles brunes, fortement appliquées et marginées de blanc en leur pourtour; le rhizome est de
la grosseur du doigt d'un enfant, garni de longues radicelles entremêlées
d'écailles d'un brun très-foncé et linéaires; les frondes stériles sont acuminées,
plus pâles en dessus qu'en dessous; elle est fort belle.

48. HORRIDULUM, Klfss., *Enum. filic.*, p. 58; F., *Crypt. vasc. Brés.*, p. 13. —
(Glaziou, Rio-Janeiro, n° 946 et n° 4356 en 1870.) — Cette espèce, qui appartient au petit groupe des *Acrostichum piloselloïdes*, est couverte d'écailles
piliformes, très-raides, très-étalées et très-abondantes.

NB. Ce beau genre renferme à lui seul plus d'espèces que le reste du groupe auquel il donne son nom; on peut les évaluer à 130 environ, et le Brésil en possède
la moitié. On ne saurait trop s'étonner de cette grande diversité de forme, en son-
geant au petit nombre de caractères sur lesquels ce genre est fondé : — frondes
simples à nervilles libres, sporanges couvrant en totalité les lames fertiles, — et,
cependant, les différences spécifiques sont évidentes. On les déduit de la forme,
de la proportion respective des frondes stériles et fertiles, de la consistance, de la
nervation, du port, de la radication et des écailles. L'étude microscopique des
sporanges et des spores n'est que d'un très-faible secours, tant ils diffèrent peu.
En voyant cette prodigieuse polymorphie, il faut admettre pour ce genre, et peut-
être pour d'autres genres à espèces nombreuses, que le temps a créé des races, et
que celles-ci, en persistant, ont été l'origine de ces espèces, si bien que la flore
qui les décrit trace l'état actuel du genre sans rien préjuger du passé ni de l'avenir.
Nous croyons à cette mobilité, mais sans l'étendre aux genres, faisant une distinction entre la modification et la métamorphose. Ainsi, le temps aura beau multiplier
les formes spécifiques du genre *Acrostichum*, il n'en fera jamais ni un *adiantum*,
ni un *blechnum*, ni un *phegopteris :* mobilité pour l'espèce, stabilité pour le genre.

Il est pour le genre *Acrostichum* une particularité qui, sans lui être absolument
exclusive, est presque généralisée; la voici : les frondes présentent à la base des
pétioles une sorte d'articulation indiquée par un brusque changement de couleur
et très-souvent par une nodosité. Lorsque la fronde se détache par vieillesse, le
pétiole se rompt juste à l'endroit où s'opère la transition de couleur et la base
persiste sur le rhizome qui la supporte. Ce n'est certes pas là une articulation
véritable, mais un nœud, qui se comporte à la manière du pétiole articulé de la
feuille des plantes phanérogames.

Sur le nombre de 67 espèces d'*Acrostichum* que possède le Brésil, 54 ont été illustrées qui ne laissent aucun doute sur leur légitimité; nous en avons figuré 44, et 10 l'ont été par divers auteurs. Les espèces non figurées doivent être regardées comme douteuses, notamment les *A. crassinerve*, Kze., *fimbriatum*, Cav., *Sellowianum*, Presl., *actinotrichum*, Mart., et *alpestre*, Gardn. Pour porter sur elles un jugement définitif, il faudrait voir les types sur lesquels elles ont été fondées, et ces types nous manquent.

4. RHIPIDOPTERIS, Schott., F., *Hist. acrost.*, p. 74 et 78, et *Crypt. vasc. Brés.*, 16.

1. PELTATA, Schott., F., *l. c.* (Rio-Janeiro, Glaziou, n° 4375, le type; et n° 4375, Alto-Macahe, par Glaziou, la variété.)

 β. *Stenophylla*, F. — Longuement rampante; rhizome délié, écailleux, presque triangulaire, allongé, frondes espacées, les stériles flabelliformes, à segments bifides, assez courts, obtusiuscules, pédicelles plus longs que les lames; les fertiles plus longues, lame bilobée, plus large que haute, portée sur un plus long pédicelle. — Serait-ce une espèce?

ICON.: *Tab. LXXXV, fig. 2.*

NB. M. Baker regarde comme brésiliennes les espèces suivantes d'*Acrostichum* connues de nous seulement comme africaines et que nous hésitons à regarder comme brésiliennes : 1° *A. Aubertii*, Desv.; *Berol. mag.*, V, p. 309; F., *Hist. acrost.*, p. 45, T. 18, fig. 1; Serra os Orgaos, Gardner, n° 5924. — 2° *A. conforme*, Sw., *Syn. filic.*, p. 10 et 192, T. 1. Les numéros cités de M. Glaziou se rapportent à notre *A. spissum*, *Crypt. vasc.*, p. 8, T. 2, fig. 2. — 3° *A. hybridum*, Bory, *Voy. Afriq.*, III, p. 96; F., *Hist. acrost.*, p. 40, T. 9, fig. 3 et 4, non Hook. — C'est à l'*A. erinaceum*, F., *A. hybridum*, Hook. et Grev., *Icon*, T. 21, qu'il faut rapporter cette espèce de la Guadeloupe, bien distincte de la plante d'Afrique. (Cfr. les ouvrages cités, texte et planches.)

II. LOMARIÉES.

11. LOMARIA, Willd., F., *Crypt. vasc. Brés.*, p. 20.

3'. FIALHOI, F. et Glaz., *Crypt. vasc. Brés.*, p. 239, T. VII, fig. 2. — Cette belle espèce a été retrouvée le 3 avril 1870, par M. Glaziou, à la source du Rio-Soberbo, et nous a été communiquée sous le n° 4376. Ce spécimen offre cette différence avec le type figuré, que la marge des frondules est entière dans son quart inférieur et non dentée en scie dans tout son pourtour.

3². PENNA-MARINA, Poir., *Encyc.*, Méth. V, p. 320, *sub polypodio*, Brésil austral. — Cette plante se trouve particulièrement dans les régions froides de l'Australie, de la Nouvelle-Zélande et de Magellan. Notre *L. Gayana*, du Chili, 7ᵉ *Mém.*, T. 10, fig. 1, se rattacherait au *L. Penna-Marina* qui serait, au Brésil, très-éloigné de son centre d'évolution.

NB. Notre *L. mucronata*, Glaziou, Serra os Orgaos, n° 2423, ne saurait être rapporté au *L. obtusata*, Labill., *Sertum nov. Caled*, p. 4, T. 6. La comparaison que l'on peut faire de notre planche 8, fig. 3, *Crypt. vasc. Brés.*, avec la planche citée de Labillardière interdit ce rapprochement d'une manière absolue. — Le *L. tabularis*, Thunb., *Prodr.*, 171, *sub pteride*, du cap de Bonne-Espérance et de Magellan, où d'abord il a été trouvé, ne permet guère non plus de le reconnaître pour une fougère brésilienne.

12. BLECHNUM, *L. spec. pl.*, p. 1534.

** Eublechnum.*

1. LANCEOLA, Sw., F., *Crypt. vasc. Brés.*, p. 22. — (Rio-Janeiro, Glaziou, n° 5365.) — Les sporanges sont assez petites, ovoïdes, portées sur un assez long pédicelle, l'anneau se compose de 14 articulations, les spores, lisses, ont une forme ovoïde.

2 GRACILE, Klfss., *Enum. filic.*, p. 158; Lowe, *Ferns*, IV, T. 36; F., *Crypt. vasc. Brés.*, p. 23. — (Rio-Janeiro, à Saint-Louis, Glaziou, n° 1760; par le même à Tijuca, novembre 1870, n° 5362, var. *stolonifera*.) — Cette espèce est si bien caractérisée, qu'elle a ce rare privilège de réunir tous les auteurs dans une seule et unique synonymie. Le spécimen de Tijuca que nous avons sous les yeux, émet du collet de la racine de très-longs et très-grêles stolons qui produisent des gemmes écailleux, origine de nouvelles plantes, parfois complétement développées, comme il arrive dans les fraisiers et les potentilles. Nous retrouverons plus loin ce caractère que les botanistes n'ont pas signalé, et que la culture ne paraît pas développer.

3. UNILATERALE, Willd., F., *Crypt. vasc. Brés.*, p. 23. — (Brésil, Rio à Tinca, Glaziou, n° 5359.) — Nous n'avions pas encore reçu cette plante du Brésil.

Le spécimen qui nous parvient est très-conforme à la planche 62, fig. 2, de Raddi. L'anneau des sporanges est fragile, il porte 12 articulations; les spores réniformes sont lisses et semi-transparents. A cette espèce se rattache une forme plus petite (n° 4653), remarquable par des segments légèrement arqués, avec un sommet courbé en manière de bec, lorsque les sporanges ont acquis tout leur développement.

5*. TRIANGULARE, Lk., *Filic. sp.*, p. 78; F., *Crypt. vasc. Brésil*, p. 23. — (Rio-Janeiro, Glaziou, n° 5360.) — Nous la recevons aussi pour la première fois. Elle est facile à reconnaître à ses segments inférieurs exactement triangulaires, un peu gibbeux du côté supérieur; elle est pinnatifide dans toute son étendue.

6*. HETEROCARPON, F., *Gen. filic.*, p. 74; *Crypt. vasc. Brés.*, p. 23. — (Glaziou, n° 5361, à Tijuca, côté Bennett, 12 novembre 1870.) — On la reconnaîtra sans peine à ses indusiums dont le supérieur est sensiblement plus court que l'inférieur; les segments sont gibbeux; le rhizome atteint la grosseur du petit doigt, il porte de nombreuses radicelles noirâtres. La fronde est entièrement pinnatifide.

8*. HELVEOLUM, F., *Gen. filic.*, p. 75; *Crypt. vasc. Brésil*, p. 24. — (Rio-Janeiro, Glaziou, n° 4378.) — Rhizome émettant de très-longues radicelles et des stolons munis de petites écailles écartées; les écailles de ce rhizome sont luisantes, brunes et marginées de blanc. Elle est très-vigoureuse et prend place à côté du *B. occidentale*, L., espèce des plus répandues et tout à la fois une des moins connues.

8². COGNATUM, Presl., *Epim. bot.*, p. 107; *B. glandulosum;* Kze., *Schkh. suppl.*, I, p. 132, T. 58, fig. 2. Sud du Brésil, Colombie, Pérou, Mexico (*ex* Th. Moor. Ind., p. 195). — Frondes linéaires-lancéolées, pinnées, pinnules sous-opposées, lancéolées ou linéaires-lancéolées, cordées à la base, les inférieures réfléchies; l'indusium est denticulé; les pétioles mesurent 12-14 centim. (N.V.)

† 10². MUCRONATUM, F.

Frondibus sterilibus et fertilibus conformibus, lanceolatis, longe caudatis, ad medium partem pinnatis; frondulis inferioribus leviter reflexis, ellipticis, basi subcordiformibus, brevissime petiolatis, omnibus mucronulatis, petiolo rachique helveolis; nervillis scalpturatis; sporotheciis breviusculis; sporangiis ovoideis, annulo 12-14 articulato, sporis reniformibus, lutescentibus.

Habitat in Brasilia fluminensi. (Grande cascade de Tinea, Glaziou, n° 5363, 24 juin 1870.)

Filix semi-pinnata, hastata, frondibus curvatis, petiolis rachibusque helveolis, surculo erecto, squamas lanceolatas, rigidas, ustulatas ferente.

(Longueur des frondes, 20-23 centim.; envergure au centre, 5 centim.; frondules, 8-9 millim. de largeur; les inférieures, 12 millim. de longueur sur 7-8 millim. de largeur.)

Cette fougère est caractérisée par la courbure de ses frondes, la forme arrondie et en ellipse des frondules, par les écailles comme brûlées du rhizome; enfin par des stolons raides et assez gros qui se développent au collet du rhizome et qui portent des gemmes de distance en distance. Quoique le mucron qui termine les frondules soit des plus évidents, on retrouve ce caractère sur d'autres espèces, mais il est bien moins marqué.

****Mesothema (sporothèces médians).**

13. HASTATUM, Klfss., *Enum. filic.*, p. 61; F., *Crypt. vasc. Brés.*, p. 24. — (Brésil, Rio-Janeiro, Glaziou, n° 5364.) — Vue pour la première fois, provenant du Brésil; l'éloignement des indusiums qui se développent à une certaine distance du mésonèvre, mais non précisément médians, caractérise cette espèce; elle est à moitié pinnée; les frondules sont cordiformes et les inférieures réfléchies.

14. DIPLOTAXICUM, F., *Crypt. vasc. Brés.*, p. 25, T. 8, fig. 1. — (Rio-Janeiro, vallée de Bonfim, Glaziou, n° 4377.) — La frondule terminale est hastée, fructifère, et peut atteindre jusqu'à 6 centim. de largeur. Les segments des frondes fertiles sont assez écartés.

***** Blechnopsis.**

16. SERRULATUM, C. Rich., *Act. soc. hist. nat. Paris*, I, p. 114 (1792). — (Brésil, Rio, Glaziou, n° 4379, à Copacabana, 8 mai 1870.) — La plus belle du genre; à frondules denticulées en scie, dressées; les fertiles assez étroites, lancéolées aiguës, les inférieures ovoïdes; nervilles en saillie, très-rapprochées. Les plus grands spécimens atteignent près d'un mètre; les pétioles sont robustes et

presque quadrangulaires. Les sporothèces, relativement très-larges, forment le tiers de la largeur totale des frondules fertiles; l'anneau des sporanges porte au delà de 20 articulations; les spores sont arrondis, lisses et de couleur jaunâtre.

16¹. NITIDUM, Presl., *Rel. Hœnk.*, I, 49; *Blechnopsis nitida*, Presl., *Epim. bot.*, p. 116; *Bl. elongatum*, Gaudich., *Freyc.*, p. 395. — (Brésil, Rio grande del Sur, Tweedie, n° 1122.) — Grande espèce des Philippines et des îles Mariannes, très-voisine du *B. Brasiliense*, Desv., mais plus petite; elle porte ses frondes sur un stipe ligneux. Est-elle bien brésilienne? En général, il faut y regarder de bien près pour constater l'identité de deux espèces lorsqu'elles sont séparées par un grand nombre de degrés du méridien.

———

NB. Les caractères qui séparent les diverses espèces du genre *Blechnum*, sont, en général, assez faibles. Certaines d'entre elles ont une synonymie inextricable, telles sont surtout le *B. hastatum*, Klfss., et le *B. occidentale;* celui-ci, en apparence, le mieux connu de tous. Le *B. integerrimum*, Spr., et *Lechleri*, Metten., demandent à être mieux connus. Certaines espèces émettent du collet de la racine de longs stolons, stériles d'ordinaire, mais parfois fertiles avec un développement complet des rejetons, ainsi qu'on peut le voir dans le *B. gracile*, Klfss. Ce fait est fort rare dans l'histoire morphologique des fougères.

III. VITTARIÉES.

14. VITTARIA, Sm., *Mém. Acad. Turin*, V, p. 413, T. 9, fig. 3.

3. LINEATA, L., *Sp. pl.*, 1530, *sub pteride*, Glaziou, *in locis var.* (Par le même à Rio-Janeiro, n° 5358.) — Malgré l'étroitesse des frondes, les nervilles sont astomosées, mais pour former une seule maille.

IV. PLEUROGRAMMÉES.

17. XIPHOPTERIS, Klfss., *Enum. filic.*, p. 85.

1. SERRULATA, Klfss., *l. c.;* F., *Crypt. vasc. Brésil*, p. 28. — Nous avons dit (*Hist. foug. des Antilles*, p. 15) que ce genre pouvait rentrer dans le groupe

des polypodiées, les sporothèces étant nervillaires, distincts et ne cessant de l'être que par confluence; la dilatation du sommet de la fronde fertile, ici très-marquée, ainsi que la plicature de cette même partie de la lame, n'a pas lieu dans une espèce provenant de la Guadeloupe et figurée (*ouvrage cité*, T. 19, fig. 3). Le genre *Xiphopteris* serait donc une polypodiée, à placer à côté du genre *Grammitis*.

V. LINDSAYÉES.

19. LINDSAYA, Dryand., *Act. soc. Linn. Lond.*, III, p. 40.

** Frondes simples.*

1. RENIFORMIS, Dryand., *l. c.*, T. 7, fig. 1. — (Trouvée près du Rio-Vaupes, dans le Haut-Amazone par Spruce, n° 2916.) — Cette espèce, parfaitement caractérisée par sa forme, est dans le genre *Lindsæa* ce que sont, dans le genre *Adiantum*, les *A. reniforme*, de Ténériffe, et sa variété *asarifolium*, L., de Bourbon et de l'île de France. Nous avons déjà fait remarquer ailleurs que les espèces renfermées dans ces deux genres marchaient parallèlement.

*** Frondes divisées.*

6. CURVANS, F., *Gen. filic.*, p. 106; *Crypt. vasc. Brés.*, p. 30. — (Rio-Janeiro, Glaziou, n° 5393; 1872.) — Cette forme diffère très-peu du type mexicain.

7ª. DENTATA, F.

> *Frondibus bipinnatis, glaberrimis, siccitate pallide viridibus, pinnis lineari-bus, assurgentibus, rigidis, pinnulis dimidiatis, petiolo brevissimo donatis, basi truncatis, marginibus in sterilibus argute dentatis, dentibus sæpe mucronulatis, sporotheciis continuis.*
>
> > *Habitat in Brasilia fluminensi ad Lagoinha.* (Février 1871; Glaziou, n° 5357.)
>
> *Filix subrigida, petiolo helveolo, leviter depresso, manifeste canaliculato, basi rufescente; rhizomate tenui, repente, radicellis pilos sericeos habenti-bus prædito.*
>
> ICON.: *Tab. LXXXVII, fig. 2.*

(Longueur totale des frondes, 36-40 centim., dont le pétiole fait plus de la moitié; frondules, 8-9 centim.; pinnules, 5 millim. sur 3 millim. de largeur.)

Cette espèce est nettement caractérisée par ses pinnules stériles, dentées en scie, celles-ci un peu plus grandes. Les frondes naissent isolées sur un rhizome presque filiforme; le sillon qui parcourt le pétiole est très-marqué.

9ª. OVOIDEA, F.

> *Frondibus glaberrimis, bipinnatis, apice decrescentibus, pinnis linearibus; pinnulis, ovatis, pauci-crenatis, dimidiatis, nervillis tenuibus, sporotheciis interruptis, indusio angusto, tenui.*
>
> > *Habitat in cacumine montis Serra os Orgaos, in loco dicto* Pedra açu. (Glaziou, nº 3481.)
>
> *Filix cæspitosa, stipitibus fusco-rufescentibus, nitentibus, rhizomate tenui.*

ICON. : *Tab. LXXXVII, fig. 1.*

(Longueur des frondes, 30-34 centim., dont le pétiole fait environ la moitié; pinnules de la base, 9-11 centim.; pinnules, 9-11 millim. de hauteur.)

Cette espèce a quelques rapports de *facies* avec le *L. polymorpha*, Wallich, de l'Inde anglaise. Les frondes sont arquées, les raçhis assez flexibles; la pinnule terminale est beaucoup plus longue que les latérales; les nervilles prolifères dévicnt souvent vers le sommet pour prendre une direction horizontale et s'unir à leurs voisines par l'intermédiaire de l'indusium qui les recouvre.

NB. Auguste Saint-Hilaire a décrit un *L. Botrychioides, Voy. Distr. Diam.*, I, 379, trouvé dans les forêts humides de la Serra da Piedade et dans la Serra de Caraça, province des Mines; elle aurait été revue dans la Serra da Cubatâo, province de Saint-Paul, par Burchell, nᵒˢ 3732 et 4402; cette espèce ne nous est pas connue.

NB. Les *Lindsaya*, comme les *Adiantum*, ont des sporothèces continus ou interrompus et pourraient être divisés pour la facilité de l'étude en *Synechia* et en *Apotomia;* le *L. dentata* appartiendrait à la première de ces deux sections et le *L. ovoidea* à la seconde. Il est encore à remarquer que l'état fructifère modifie la marge des pinnules, qui deviennent entières de crénelées ou de dentées qu'elles sont quand elles demeurent stériles, c'est ce qui arrive à notre *L. dentata;* pour constater le caractère spécifique, il faut trouver des pinnules stériles, ce qui n'est pas toujours facile, les spécimens, dans cette espèce et dans beaucoup d'autres, étant fructifères d'une manière universelle.

VI. ADIANTÉES.

20. ADIANTUM, L., *Sp. pl.*, p. 1556.

** Synechia (sporothèces continus).*

5. PULVERULENTUM, L., *Sp. pl.*, p. 1559; F., *Crypt. vasc.*, p. 32. — (Rio-Janeiro, à Belem, Glaziou, n° 5353.) — La sécrétion pulvérulente qui vaut à cette espèce le nom spécifique qui la distingue, est formée de corps allongés, fort raides, qui prennent sous le microscope l'apparence de filaments très-courts et semi-opaques. Les frondules sont dentées en scie, fertiles ou non, ces dernières ne le sont que vers le sommet.

*** Apotomia (sporothèces interrompus).*

6². SEEMANNI, Hook., *Sp. filic.*, II, p. 5, T. 81 A. — (Trouvée dans la province de Goyaz, par Pohl.) — Les sporothèces rangent presque cette plante dans les espèces à sporothèces continus. Les frondules, vertes en dessus, ont une teinte glauque en dessous. Elle est de médiocre grandeur. (N.V.)

9. FLAGELLUM, F., *Gen. filic.*, p. 117; *Iconogr. nouv.*, p. 4, T. 2, fig. 1.; *Crypt. vasc. Brés.*, p. 33. — Espèce bien distincte de l'*A. lunulatum* de Burmann, par ses frondules cunéiformes, denticulées en leur marge. Nous ne la connaissons qu'à l'état stérile. Peut-être n'est-ce là qu'une forme de l'*A. delicatulum* de Martius. (Voyez plus bas.)

11. DELICATULUM, Mart., *Icon. pl. crypt.*, p. 94, T. 56, fig. 2; F., *Crypt. vasc. Brés.*, p. 33. — (Rio-Janeiro, à Copacabana, Glaziou, n° 4383, mai 1870.) — Espèce très-flexible, souvent prolifère, à pinnules écartées et à marges incisées; petite souche dressée, fibreuse, à radicelles tomenteuses, fauves; bien distincte de l'*A. flagellum* par ses frondules ovales-rhomboïdales. Elle devrait être placée à côté de l'*A. lunulatum*, Burm.

17. CURVATUM, Klfss., *Enum. filic.*, p. 202; F., *Crypt. vasc. Brés.*, p. 34. — (Rio-Janeiro, à Rodeio, Glaziou, n° 5352.) — Cette espèce, l'une des plus grandes du genre, peut atteindre un mètre au moins; elle est des plus vigoureuses; les pétioles sont presque quadrangulaires et s'attachent sur un gros rhizome

couvert d'écailles presque linéaires et fort raides. Le nom spécifique la caractérise parfaitement; elle est trois fois pinnée, les pinnules, qui sont très-rapprochées, se recouvrent parfois les unes les autres.

22. INTERMEDIUM, Sw., *Vet. acad. Handl. Stockh.*, 1817, p. 76; *A. fovearum*, Radd., *Fil. Bras.*, p. 58, T. 77; F., *Crypt. vasc. Brés.*, p. 35. — (Rio-Janeiro, à Rodeio, n° 5354, décembre 1870.) — Espèce bien distincte ne portant jamais qu'un petit nombre de frondules et seulement bipinnée vers le bas de la fronde; elle est, quoique moins abondamment, couverte des mêmes productions pileuses que l'*A. pulverulentum*, L. Les frondes stériles sont profondément dentées.

25. PECTINATUM, Kze., Msc. Hook. et Baker, *Syn. fil.*, p. 120; Ettingsh., T. 45, fig. 14-16 *particulæ;* Baker, *Polypod. Brasil.*, p. 374, T. 23, fig. 1 et 2 *particulæ.* — (Aldea Santa-Maria et Mato del Ré, Goyaz, Pohl et Burchell, n° 7416, même province.) — Grandes frondes, deltoïdes, 3-4 fois pinnées, pétioles et rachis recouverts d'une poussière ferrugineuse; pinnules étalées, les inférieures composées, à segments rhomboïdaux courtement pétiolés, dont la marge est comme pectinée; sporothèces arrondis, nombreux, naissant sur chaque segment marginal. (N.V.) Semble se rapprocher de l'*A. hirtum*, Klotz.

27[a]. POLYPHYLLUM, Willd., *Filic.*, p. 454; H. B. Kth., *Nov. gen.*, I, 21; *A. cardiochlæna*, Kze., *Linn.*, XVII, p. 569. — (Brésil, Glaziou, n° 437, *teste* Baker.) — Frondes quatre fois pinnées, à pinnules oblongues, dimidiées, obtuses; à base tronquée, marge supérieure denticulée en scie; 6-8 sporothèces oblongs sur la marge; pétioles brillants, lisses, noir d'ébène.

30[a]. ÆTHIOPICUM, L., *Sp. pl.*, p. 1560; Sw., *Syn. filic.*, p. 125; Willd., *Filic.*, p. 452. — *A. thalictroides*, F., *Gen. filic.*, p. 114. — *A. tenerum*, Lk. — *A. trigonum*, Labill., *Nov. Holl.*, II, p. 99, T. 248, fig. 2. — *A. gratum*, F., *Icon. nouv.*, p. 29, T. 12, fig. 3. — Espèce très-rare au Brésil, recueillie à Rio grande del Sur, sans indication de collecteur (Baker). — Frondes trois fois pinnées, avec des pinnules presque rondes ou presque ovales, obtuses, terminées en coin; les sporothèces sont courbés en fer à cheval. Elle a été primitivement établie sur une plante du cap de Bonne-Espérance. Est-elle bien brésilienne?

36. OBTUSUM, Desv., *Berol. mag.*, V, p. 327; F., *Crypt. vasc. Brés.*, p. 38.— (Rio-Janeiro, Glaziou, n° 5356.) — Espèce fort distincte, à pétiole anguleux, fort long; le rachis est villeux; les sporothèces occupent toute la marge, ils sont épais, très-rapprochés, quoique distincts, et tendent à faire rentrer cette espèce dans la section des *Synechia*. Le rhizome est assez délié, écailleux; les frondes y naissent assez distantes les unes des autres; les frondules stériles sont dentées en scie.

38. LUNULATUM, Burm., *Fl. Ind.*, p. 235; F., *Crypt. vasc. Brés.*, p. 38. — (Rio-Janeiro, Rio comprido, Glaziou, n° 5351, et à Copacabana, n° 4383.) — Cette espèce est-elle bien identique avec la plante de Burmann? nous n'oserions l'affirmer; le même doute existe pour décider si ce spécimen est exactement le même que l'*A. lunulatum*, dont M. Baker vient de donner une bonne figure, T. 55, fig. 1. Ici le rhizome est dressé à fibrilles couvertes de poils soyeux, étalés; les frondes, fasciculées, ne portent qu'un petit nombre de frondules très-distantes les unes des autres, grandes, tronquées du bas, à marge assez profondément incisée, et comme digitées, à digitations obtuses, toutes chargées de sporothèces étroits, rufescents; le rachis se prolonge privé de frondules et porte souvent un bourgeon à son extrémité. Serait-ce une espèce distincte? .

40. CUNEATUM, Langsd. et Fisch, *Filic.*, p. 23, T. 26; Willd., *Filic.*, p. 450; F., *Crypt. vasc. Brés.*, p. 38. — (Rio-Janeiro, à Gavia, au bord de la mer, Glaziou, n° 4382.) — A peine distincte de l'*A. Capillus Veneris*, L., dont elle ne diffère guère que par les sporothèces régulièrement courbés en fer à cheval.

21. HEWARDIA, J. Sw., *In Hook. Journ.*, III, p. 432, T. 16 et 17.

1. DOLOSA, Kze., *Linn.*, XXI, p. 219; Hook., *Sp. filic.*, p. 6, T. 79 B. — (Rio-Janeiro, à Rodeio, Glaziou, n° 5355; indiquée comme rare.) — Ce spécimen qui est bipinné vers le bas, atteint jusqu'à 75 centim., avec un pétiole qui dépasse 40 centimètres; la souche porte de très-longues fibrilles, très-étalées.

VII. PTÉRIDÉES.

23. PTERIS, L., *Emend.*

** Frondes pinnées.*

1. CRETICA, L., *Mantiss.*, p. 130, *var. Americana*, Agh.; F., *Crypt. vasc. Brés.*, p. 40.
— (Rio-Janeiro, Glaziou, n° 4390.) — Cette fougère est heptaphylie; la dernière paire des frondules est bifide avec une branche inférieure beaucoup plus petite que la supérieure. En conservant cette variété, nous avons voulu seulement exprimer avec Agardh qu'elle n'est pas identique avec l'espèce européenne.

1². LITOBROCHIOIDES, Klotz., *Linn.*, XX, p. 341; Baker, *Polyp. Brasil.*, p. 400, T. 43, fig. 4 (particul.). — (Cataracte de l'Aripecura, province de Para, Spruce, n° 561.) — Frondes pinnées portant 3-4 frondules, très-grandes, longuement acuminées, atténuées à la base, légèrement décurrentes; les inférieures géminées. Elle est glabre avec un rachis de couleur brun jaunâtre; sa taille peut atteindre près d'un mètre. (N.V.)

*** Frondes pluripinnées.*

3. GRACILIS, F., *Gen. filic.*, p. 128, et *Iconogr. nouv.*, p. 32, T. 19, fig. 2; *Crypt. vasc. Brés.*, p. 41. — (Rio-Janeiro, Glaziou, n° 5337.) — Fougère d'une extrême délicatesse, tripinnée, à segments stériles linéaires-lancéolés, à dents aristées; pétioles gramineux, naissant sur une souche à grosses radicelles. Elle est voisine du *P. semi-dentata*, F., figuré dans le même ouvrage (Tab. 18, fig. 3); mais, dans cette dernière espèce, les segments ne sont point aristés et les frondes s'attachent à un rhizome rampant. Ces deux fougères ont le port des *Onychium.*

8². ? PLATYCLAMYS, F. (Rio-Janeiro, à Itatiaia, Glaziou, n° 5350.) — Très-grande espèce, deux à trois fois pinnée, à frondules dressées, conservant la couleur verte par la dessiccation; les segments sont ovoïdes, légèrement arqués, obtus, portant au sommet 3-4 dents aiguës, les nervilles forment, en se bifurquant, la lettre *v* de l'écriture courante. Les indusiums papyracés sont très-larges et

ondulés. Le pétiole mesure 70 centim., il est fort gros, profondément canaliculé, un peu âpre au toucher, surtout vers la partie inférieure. Malgré certains caractères spécifiques assez remarquables, nous n'osons présenter
qu'avec doute cette espèce comme étant nouvelle.

*** *Aquilinaires.*

9. ESCULENTA, Forst., *Prodr.*, n° 418; Agh., *Monogr.*, p. 45. — (Rio-Janeiro,
Glaziou, n° 4654.) — Les lobules qui unissent les segments frondulaires
existent, mais d'une manière moins générale, et ils sont aussi moins grands;
il n'y a pas de poils aranéiformes; les nervilles ne sont en relief que du côté
inférieur des lames; elle est assez souple et membraneuse plutôt que coriace;
la base des pétioles s'entoure d'un tomentum formé de poils fauves. Elle
fructifie très-abondamment.

10. ARACHNOIDEA, Klfss., *Enum. filic.*, p. 190; Agh., *Monogr.*, p. 46; F., *Crypt.
vasc. Brés.*, p. 42. — (Rio-Janeiro, à Itatiaia, Glaziou, n° 5349.) — Cette
espèce atteint jusqu'à 4 mètres de hauteur; elle est coriace, opaque, et porte
sous la lame des poils blanchâtres, couchés, et plus ou moins longs; les segments frondulaires sont lancéolés, un peu obtus, et unis entre eux par des
lobes qui leur donnent un aspect ailé; ce dernier caractère distingue cette
espèce et le *P. caudata*, de toutes les autres ptérides aquilinaires.

<h2 style="text-align:center">24. PELLÆA, Lk., Filic. sp., p. 159.</h2>

2°. ITATIAIENSIS, F.

> *Frondibus palmato-pedatis, bi-tripinnatis, triangularibus, glaberrimis, subtus
> glaucescentibus; nervillis rachidis scalpturatis, nigro-purpureis, segmentis
> frondularum ovatis, oppositis, vespertilioniformibus, versus margines sæpe
> punctulatis; petiolis cylindraceis, rubescentibus, basi squamosis; sporotheciis
> universalibus, id est marginem et apicem occupantibus, indusio crispatulo;
> sporangiis ovoideis, annulo 20-24 articulato, sporis crassis, lævibus, nigres-
> centibus.*

> *Habitat in Rio-Janeiro, ad Itatiaia.* (Glaziou, n° 5348.)

Filix elegans, ad Pellæam geraniæfoliam accedens, sed plane diversa, rhizomate

*crasso, squamoso, squamis lineari-lanceolatis, linea longitudinali atro-
fusca percursis.*

Icon. : *Tab. LXXXVIII, fig. 1.*

(Longueur totale, 12-15 centim.; la lame est au pétiole : : 1:4, avec une envergure de 4 centim.
sur 5 centim. de hauteur. Le rhizome est gros comme une plume d'oie ou même comme le
petit doigt.)

Très-jolie fougère, se rapprochant des *P. paradoxa* et *microphylla* avec des proportions supérieures et des frondes beaucoup plus divisées; les pétioles sont cylindriques et flexueux, quoique très-fermes; les partitions des lames sont très-rapprochées et s'unissent les unes aux autres, constituant un ensemble pinnatifide; les
segments, qui sont opposés, s'unissent à la base, imitant de petites ailes de chauves-
souris, disposition qui a valu au *Pteris vespertilionis*, Labill., le nom qui le désigne
spécifiquement. Notre espèce a le port du *Pellœa geraniifolia*, Radd., *sub pteride;* elle
en diffère par des pétioles cylindriques et non canaliculés, par des segments toujours obtus, des partitions plus rapprochées et plus nombreuses; une radication
différente, etc.

7². CRENULANS, F.

> *Frondibus deltoideis, coriaceis, opacis, nudis, pedato-bipinnatifidis, petiolis
> cylindraceis, fusco-rufis, rhizomate repente crasso, frondibus sterilibus
> et fertilibus diversis; sterilibus marginatis, brevioribus, sed amplioribus,
> segmentis omnibus crenatis, obtusissimis, crenis in torquis speciem conca-
> tenatis; fertilibus elatioribus, partitionibus linearibus continuis; sporotheciis
> margines et apices vestientibus; sporangiis magnis, annulo 20-24 articulato,
> sporis magnis, rotundis, nigrescentibus.*
>
> *Habitat in Brasilia fluminensi.* (Tijuca, Glaziou, nᵒˢ 5343 et 5345.)
> *Filix dissimilaris, frondibus fertilibus et sterilibus diversis; segmentis steri-
> lium crenulato-concatenatis; surculo crasso, fibrilloso, radicellis plumosis.*

Icon. : *Tab. LXXXVII, fig. 3.*

(Longueur des frondes stériles, 22-30 centim., sur une hauteur de 6 centim. et une envergure, à la base, de 8 centim., les fertiles mesurent 45-55 cent., le pétiole est à la lame : : 1:6.)

Les botanistes qui ont décrit les *Pellœa* pédiaires, n'ont jamais parlé des frondes
stériles; s'ils l'eussent fait, il y aurait moins de vague dans la détermination de ces

plantes, d'ailleurs très-polymorphes. Ici notre espèce semble bien distincte par ses frondes dont toutes les partitions sont obtuses, nombreuses, plus ou moins larges et avec des étranglements qui les font paraître comme concatenées; la dissimilitude des frondes fertiles et stériles n'existe pas toujours.

Cette plante ressemble beaucoup au *Pellœa lomariacea*, Hook. et Baker, *Syn. filic.*, p. 164, *sub pteride*, plante figurée par M. Baker, *Polypod. Bras.*, T. 59; peut-être même n'en serait-ce qu'une forme, quoique distincte. Nous n'avons pu voir les anastomoses dont il est parlé dans la description donnée par ce botaniste; si elles étaient généralisées, ce serait un *Dóryopteris*.

5. PARADOXA, F., 7° *Mém.*, p. 30, T. 20, fig. 2, *sub Cassebceria* (1854); *Crypt. vasc. Brés.*, p. 43. — (Rio-Janeiro, à Itaiaia, 2,500ᵐ altit., Glaziou, nᵒˢ 4392 et 5347.) — Frondes fasciculées sur un gros rhizome très-fibrilleux; elles sont palmées-pédiaires, à segments épais, avec des marges et un sommet envahis par un indusium fort mince et assez large. Le pétiole est cylindrique, épineux, à épines très-courtes et recourbées. Elle ne saurait se rattacher au *P. lomariacea*, ni comme espèce ni comme variété.

** Eupellœa.

6. FLAVESCENS, F., *Crypt. vasc. Brés.*, p. 44, T. 22, fig. 2. — (Rio-Janeiro, à Tijuca, Pedra de José Cineiro, 21 janvier 1871; Glaziou, nᵒ 3546.) — Très-belle espèce, très-vigoureuse, bi-tripinnée, pouvant atteindre 50 centim.; les pétioles sont très-longs, arrondis, mais déprimés sur une face; le rhizome est de la grosseur d'une plume d'oie, noir et chargé d'écailles de la même couleur, linéaires et très-longuement acuminées. L'indusium est universel (marge et sommet); 18-20 articulations à l'anneau; spores très-gros, noirâtres et papilleux. — Le nᵒ 2473, rapporté par nous (*Crypt. vasc.*, *l. c.*) à cette plante, ne correspond pas au même numéro cité par M. Baker.

NB. Nous mentionnerons, d'après M. Baker, deux *Pellœa* spécifiquement établis sur des numéros Glaziouviens qui ne nous sont pas parvenus: 1° nᵒ 2473, *apud* Baker *P. Bongardiana*, Bak., Serra de Capa, Rio-Janeiro, port des *Allosorus;* toutes les partitions linéaires; — 2° nᵒ 939, *P. lonchophora*, Metten., *sub pteride, Cheil.*, T. 3, fig. 1-3, à Rio-Janeiro. Il semble que la description donnée par M. Baker s'applique à une plante de plus grande dimension. La plante de M. Mettenius ne diffère pas de notre *Pellæa subsimplex, Crypt. vasc. Brésil,* p. 44, T. IV, fig. 3. Le nom spécifique de *Lonchophora,* porte-lance, quoiqu'il doive avoir l'antériorité, est dû à une forme accidentelle qui ne se reproduit sur aucune des spécimens que nous avons sous les yeux.

25. DORYOPTERIS, J. Sm., *In Hook. Journ. bot.,* IV, p. 162.

2. HASTATA, Radd., *Filic. Bras.,* p. 43, T. 63, fig. 2, *sub pteride;* F., *Crypt. vasc. Brés.,* p. 45.— (Rio-Janeiro, Glaziou, n° 5338.) — Les formes réunies sous ce numéro nous portent à croire que les *D. sagittifolia* et *hastata,* Radd., *loc. cit., sub pteride,* ne sont qu'une seule et même espèce, les auricules se rapprochent ou se dilatent et la font varier d'aspect, formant à peine une simple variété.

3. RADDIANA, F., *Gen. filic.,* p. 133; *Pteris varians* et *collina,* Radd., *Filic. Bras.,* T. 65; *Crypt. vasc. Brés.,* p. 45. — (Rio-Janeiro, Glaziou, n° 5344.) — Var. : γ, *multipartita,* F., *l. c.* — Pétiole robuste, cylindrique, traversé par un faisceau vasculaire en forme de fer à cheval; le rhizome est très-fibrilleux et couvert abondamment de poils fauves très-déliés, ondulés et dentés. L'anneau porte 20 articulations; les spores sont gros, brunâtres et légèrement papilleux. La planche 64 de Raddi s'applique au n° 5389 de Glaziou, récolté au Corcovado, forme dont quelques auteurs ont fait un *Litobrochia hederæfolia,* nom plus justement appliqué à notre *D. angularis.* (Voyez plus loin.)

4. ANGULARIS, F.

> *Frondibus quinque partitis, basi truncatis, segmentis angularibus, integris, petiolis nigrescentibus, lævibus, cylindraceis, rhizomate fibrilloso; novellis folium hederæ helicis referentibus; sporotheciis margines et apicem attingentibus; sporangiis ovatis, annulo 16 articulato, sporis rotundis, atris, papillatis.*
>
> *Habitat in Brasilia fluminensi.* (Glaziou, n° 5340.)
>
> *Filix aspectu peculiari, semi-translucida, basi leviter cordata. Fasciculus vasorum in stipite unicus et hippocrediformis.*
>
> ICON. : *Tab. LXXXVIII, fig 2.*

(Longueur des frondes, 26-30 centim., la lame seule 8-9, sur une envergure à la base de 12 centim.)

Jolie plante, remarquable par ses lames qui se divisent en cinq branches anguleuses, très-dilatées à leur point de terminaison; le pétiole est noirâtre, il porte un petit bourgeon au point où repose la lame dont les nervilles principales sont blanchâtres. Les jeunes frondes stériles rappellent exactement la forme de la feuille du lierre; elles sont cordiformes et pentagonales; les fertiles, dès leur apparition, se présentent avec leurs cinq digitations tronquées rigoureusement à la base.

4². REDIVIVA, F.

> *Frondibus glaberrimis cartilagineis, petiolis adiantinis, sterilibus rotundatis obscure quinque lobatis, basi amplissime cordatis, auriculis disjunctis aut imbricatis, nervillis pedatis, petiolis apice gemmiferis, laminas in senectute novellas 1-3 rotundas, cordatas, petiolatas producente; fertilibus majoribus, 5-7 partitis, terminali majore; sporotheciis marginem totum occupantibus, indusio tenui; sporangiis et sporis ut supra.*
>
> *Habitat in Brasilia fluminensi.* (Tijuca, Glaziou, n° 5341.)
>
> *Filix rupicola, rediviva, ad basim frondium laminarum sterilium morientium prolifera.*
>
> ICON. : *Tab. LXXXIX, fig. 1.*

(Longueur, 20-26 centim., souvent moins; largeur des frondes, jusqu'à 10 centim. sur 7-9 de hauteur.)

Cette espèce présente ce singulier caractère dans les frondes stériles de produire au sommet du pétiole, quand elles sont mourantes, des frondes exactement arrondies plus ou moins longuement pétiolées, naissant d'une petite souche fibrilleuse et assez semblables à des feuilles de soldanelle. Le rhizome d'où naissent les frondes est court, robuste et très-abondamment chargé de longues radicelles fauves et tomenteuses. Les jeunes frondes (*novellæ*) ont une forme très-voisine des frondes jeunes du *D. angularis*, F. Le caractère spécifique ne saurait être constant.

6. PATULA, F., *Doryopteris Raddiana*, F., var.: *patula; Crypt. vasc. Brés.*, p. 45; *Pteris pedata*, Radd., *Fil. Bras.*, p. 45, T. 66². Var.: β *Pteris elegans*, Velloz., *Fl. Flum.*, T. 81. — (Rio-Janeiro, chemin de la Pedra-Bonita, Glaziou, nᵒˢ 4655 et 5342.) — La plus grande des espèces du genre; cartilagineuse, glabre, à frondes très-profondément plurilobées pédiaires, et palmées, à segments très-longs, digités, acuminés; pétiole lisse, canaliculé dans toute sa

longueur, d'un brun rouge-foncé, ainsi que les nervures, très en saillie du côté inférieur. — Cette belle espèce est caractérisée entre toutes ses congénères par la marge de ses frondes stériles, très-finement, très-régulièrement et très-élégamment denticulées en scie, la marge des fertiles étant absolument entière. La plante atteint 75 centim. dans nos spécimens; la lame, plus ou moins découpée, mesure seule 25 centim. sur 22 centim. d'envergure dans nos plus grands spécimens. Elle est assez polymorphe et nous avons sous les yeux des frondes auriculées à auricules profondes; d'autres, plus jeunes, sont sagittées.

Icon. : *Tab. LXXXIX, fig. 2.*

NB. On trouve décrit dans Willdenow, *Filic.*, p. 357, un *Pteris palmata*, dont M. J. Smith a fait un *Doryopteris*, devenu pour M. Baker une simple variété du *D. pedata*, tab. XXV, fig. 1 et 2. On devrait s'attendre, pour confirmer le nom spécifique, à voir une fronde palmée, tandis qu'elle est pédiaire. Il semble raisonnable de croire que cette fougère rentre dans les modifications nombreuses qui rendent si difficile, sinon impossible, de caractériser nettement le *Pteris (litobrochia) pedata* de Linné et de ses successeurs.

26. LITOBROCHIA, Presl., *Tent. pter.*, p. 118.

1. SPLENDENS, Klfss., *Enum.*, p. 180, *sub pteride;* F., *Crypt. vasc. Brés.*, p. 45. — (Rio-Janeiro, Glaziou, n° 5333.) — Les pétioles sont parcourus par un vaisseau vasculaire ayant la forme d'un upsilon dont les branches remontent à droite et à gauche du sillon pétiolaire. Le pétiole du spécimen que nous avons sous les yeux est fort dur et mesure au delà d'un mètre.

3. BRASILIENSIS, Radd., *Filic. Bras.*, p. 47, T. 68 et 68*, *sub pteride;* F., *Crypt. vasc. Brés.*, p. 47. — (Rio-Janeiro, à Copacabana, Glaziou, n° 4384.) — Ce spécimen est coriace, à marge épaisse, ondulée. Le faisceau vasculaire se trouve dans les conditions de l'espèce précédente. Le sommet des frondes est très-exactement trifide. Les pinnules sont luisantes du côté supérieur.

3². DISSIMILIS, F.

Frondibus glabris, papyraceis, petiolis stramineis, canaliculatis ad basim rufescentibus; sterilibus subbipinnatis, basi tripartitis, apice trifidis; segmentis subovalibus, longe acuminatis, sessilibus, decurrentibus, marginibus argute serratis, dentibus aristatis; fertilibus longioribus, pinnatis, basi sæpe partitis, segmentis linearibus, tantum in apice dentatis; sporotheciis angustis, indusio albidulo vestitis, sporangiis pyriformibus, annulo 16 articulato; sporis crassis, trigonis.

Habitat in Brasilia fluminensi. (Glaziou, n° 5335.)

Icon. : *Tab. XC.*

Filix dissimilaris, id est frondibus sterilibus et fertilibus diversis, rhizomate crassiusculo, frondulas 4-5 ferente, petiolis depressis, late canaliculatis.

(Longueur des frondes stériles, 25-30 centim., dont le pétiole fait environ la moitié; frondes fertiles, 45 centim.)

Les frondes sont tripartites vers le bas; la paire terminale est trifide, cunéiforme à la base; toutes sont ovoïdes, acuminées, dentées-aristées à la marge. Le système vasculaire est le même que celui des espèces précédentes. La fronde fertile rappelle par sa forme le *Pteris Cretica*, L.; elle a quelque parenté avec le *L. Brasiliensis.*

4. DENTICULATA, Sw., *Syn. filic.*, p. 97, *sub pteride;* F., *Crypt. vasc. Brés.*, p. 47. — (Rio-Janeiro, Serra de Jacarepagna, Glaziou, n° 5336.) — Cette plante est assez polymorphe. Le faisceau vasculaire a la forme d'un upsilon, et la pointe se dirige du côté supérieur du pétiole.

6. GIGANTEA, Willd., *Fil.*, p. 381; F., *Crypt. vasc. Brés.*, p. 47. — (Rio-Janeiro, Glaziou, n° 4386.) — Elle est glabre et très-souple; les nervilles des segments fertiles ne sont anastomosées que vers le mésonèvre. Le faisceau vasculaire du rachis est en ʋ (upsilon).

10. SERICEA, F., *Crypt. vasc. Brés.*, p. 48, T. 11, fig. 3. — (Rio-Janeiro, Glaziou, n° 5332.) — Les sporothèces, très-étroits, n'atteignent pas le sommet; elle est parfaitement inerme. Les poils sont strigilleux.

11* ANGUSTATA, F., *Crypt. vasc. Brés.*, p. 49, T. 11, fig. 1. — Cette belle espèce ne saurait être confondue avec le *Pteris (Litobrochia macroptera)* de Link, *Filic. sp.*, p. 58, dont il est dit: *pinnellis... sterilibus undique fertilibus, apice serratis;* ici la marge des frondules est parfaitement entière, ainsi que la pointe des frondes. Notre espèce passe au brun par la dessiccation.

12*. VARIANS, F., *Crypt. vasc. Brés.*, p. 49, T. 12, fig. 2. — Cette espèce (n° 2472 de M. Glaziou) des plus distinctes n'a absolument rien de spinescent, et la figure que nous en avons donnée ne saurait se rapporter au fragment présenté par M. Baker (T. 44, fig. 2), comme appartenant au *L. aculeata*, Sw., *sub pteride*.

16. ELEGANS, Sw., *Act. soc. Holm.*, p. 70; F., *Crypt. vasc. Brés.*, p. 50. — (Rio-Janeiro, Glaziou, n° 4385. Var. α *Brasiliensis*, Agh.) — Les spores, au lieu d'être trigones, comme dans presque toutes les espèces, sont ici réniformes, ainsi se trouve justifié le facies tout spécial de cette belle espèce de couleur glauque. Les nervilles ne forment qu'une seule anastomose.

17. PALLIDA, Presl., *Tent. pterid.*, p. 149; Radd., *Fil. Bras.*, p. 49, T. 71. — (Rio-Janeiro, Glaziou, n° 5331.) — Très-grande espèce, herbacée, papyracée, glauque en dessous, n'ayant qu'une maille près du mésonèvre, nervilles libres se terminant loin de la marge. Les faisceaux vasculaires, très-étroits, imitent d'une manière quelque peu grossière le chiffre 53. Les spores sont assez variables de forme, celui du rein prédomine, quelquefois les extrémités s'amincissent et se rapprochent en fer à cheval. Ce spécimen ne reproduit pas rigoureusement la figure citée de Raddi; il est plus herbacé et plus feuillu.

27. LONCHITIS, *L. Gen. pl.*, p. 1177.

2. LINDENIANA, Hook., *Spec. filic.*, p. 56, T. 89 A; F., *Crypt. vasc. Brés.*, p. 51.— (Rio-Janeiro, à Alto-Macahe, Glaziou, n° 4387.) — Belle espèce qui appartient à un genre très-bien caractérisé; sporanges portant 20 articulations à l'anneau; spores réniformes papilleux. Un gros rhizome couvert de longs poils strigilleux, auquel s'attachent de très-longues fibrilles rameuses, donne naissance à une ou deux frondes poilues dans toutes leurs parties, et portées sur des pétioles déprimés parcourus par trois à quatre sillons assez superficiels.

NB. Les Ptéridées peuvent se partager en deux groupes : 1° les Euptéridées, à frondes une ou plusieurs fois pinnées avec des spores trigones, et 2° les Pellæées, à frondes palmato-pédiaires et à spores réniformes ou arrondis. Ainsi vient se confirmer encore l'importance de la forme, entraînant après elle des différences qui s'étendent jusqu'aux organes de la reproduction.

VIII. CHEILANTHÉES.

28. ADIANTOPSIS, F., *Gen. filic.*, p. 145.

5. OBTUSISSIMA, F. Voy. *A. regularis*, Th. Moor.

5*. REGULARIS, Th. Moor., *in Indice*, p. 252; *A. obtusissima*, F., *Crypt. vasc. Brés.*, p. 52, T. 13, fig. 1; Metten., *Cheilanth.*, p. 85, pl. 3, fig. 33, *sub cheilanthe;* Baker, *Polyp. Bras.*, p. 387, T. 56, par Beyrich. — Frondes coriaces, opaques, à pétiole noir d'ébène, cylindrique, couvert, ainsi que les principales divisions du rachis, de poils couleur de rouille; les frondules fertiles sont entières à la marge et portent de chaque côté 6-8 sporothèces revêtus d'un indusium légèrement cordiforme, aplati et fort mince.

6*. INCISA, Th. Moor., *in Indice*, p. 243; Kze., Mss., *Cheilanthes incisa;* Metten., *Cheil.*, p. 88, T. 3, fig. 28-31. — (Rio-Janeiro, Serra d'Estrella, *teste* Metten.) — Les détails donnés par cet auteur (T. 3, fig. 28-30) montrent que les segments sont très-aigus, écartés; ils portent à la marge un indusium arrondi, très-mince qui s'étale à la maturité des sporanges.

29. HYPOLEPIS, Bernh., Presl., *Tent. pterid.*, p. 161.

1. REPENS, L., *Sp. pl.*, p. 1536, *sub lonchitide;* F., *Crypt. vasc. Brés.*, p. 52. — (Rio-Janeiro, Gavia, Glaziou, n° 5328.) — Elle est médiocrement aiguillonnée et porte des poils glanduleux qui la rendent un peu visqueuse. Les vaisseaux du stipe sont linéaires, ils consistent en quatre branches, deux extérieures plus courtes, deux intérieures plus longues, courbées en hameçon au sommet. — Elle est parfaitement identique avec la forme des Antilles.

2. PARVILOBA, F., *Crypt. vasc. Brés.*, p. 53, T. 20, fig. 1. — Quand nous avons dit dans la description de cette espèce *sporotheciis nudis*, nous n'entendions parler que de l'état adulte et de maturité.

3. DICKSONIOIDES, F., *Crypt. vasc. Brés.*, p. 53.—(Rio-Janeiro, Rio-Soberbo, au pied des Orgues, Glaziou, n° 4405.) — Elle trace comme ses congénères. Les

faisceaux vasculaires du bas du stipe imitent assez exactement deux SS distantes, allongées et disposées en sens inverse.

4. SERRATA, F., *Crypt. vasc. Brés.*, p. 53, T. 13, fig. 3. Cette plante, de genre douteux, pourrait bien n'être qu'une forme de l'*Adiantopsis incisa* de Th. Moore. (Voy. plus haut.)

5. RIGESCENS, Kze., Mss., *sub cheilanthe;* Mart., *Fl. herb. Brés.*, p. 229; *Polypodium (phegopteris) punctatum, var. rigescens;* Baker, *Polyp. Bras.*, p. 503, T. 65. — Lieux stériles et arides dans les montagnes près Ilheos; elle a été distribuée par Martius (herb. du Brésil) sous le n° 383. Fronde très-ample, raide, tripinnée pinnatifide, plus simple au sommet; pinnules opposées, étalées, celles du bas pétiolées, les intermédiaires sessiles; segments oblongs ou semi-orbiculaires, crénelés, glanduleux, hispides en dessous; sporothèces arrondis, convexes, assez gros, imparfaitement recouverts par un repli de la marge qui s'amincit en faux indusium. Le stipe, de grandeur médiocre, est flexueux, roussâtre, glanduleux, hispide et spinescent. La figure citée de M. Baker est très-bonne. Ce botaniste a reconnu l'analogie qui unissait cette plante aux *Hypolepis*, et comme, à vrai dire, l'indusium n'existe pas, il a cru devoir en faire un *Phegopteris;* mais ici la parenté avec les *Hypolepis* est trop bien établie pour la méconnaître.

7. STOLONIFERA, F.

> *Filix triangularis, inermis, pilosa, tripinnata, apicibus acutis, petiolis rachibusque castaneis, lœvibus, frondulis inferioribus primariis suboppositis, basipedatis, secundariis lanceolatis, curvatis assurgentibus, tertiariis oblongis, obtusis, crenatis; sporotheciis rufis, axillaribus; sporangiis ovoideis, annulo 16 articulato, sporis rotundis, leviter reniformibus, papillatis.*
>
> *Habitat in Brasilia fluminensi.* (Glaziou, n° 4435, ad montes Orgaos, scaturigines amnis Soberbo, et n° 5329 [*Frons magis expansa*] ad Itatiaia.)
>
> *Filix tenera, petiolo rachique tenuibus, segmentis apertis, rufescentibus, lœvibus, primariis glabris, secundariis et tertiariis pilosis, pilis strigillosis, cum paucis pilis glandulosis immixtis, rhizomate longe repente, fibrilloso.*

ICON.: *Tab. XCI, fig. 2.*

(Longueur : du n° 4435, 45-55 centim., dont le pétiole fait environ les 3/5 ; les pinnules de la base, 12-15 centim., qui se dégradent en dimension de la base au sommet ; le n° 5329 a des dimensions supérieures, et les pinnules de la base atteignent jusqu'à 25 centim.)

Cette espèce est triangulaire dans son pourtour et d'une grande délicatesse. Le rhizome, qui atteint à peine la grosseur d'une plume de pigeon, s'allonge sur le sol à la manière des stolons d'un grand nombre de nos dryadées ; ces stolons émettent de distance en distance de très-longues radicelles presque capillacées, simples ou rameuses, et parmi elles il en est qui mesurent au delà de 30 centimètres. Elle se rapproche des *Hypolepis* inermes.

30². ALEURITOPTERIS, F., *Gen. filic.*, p. 153, T. 12, fig. 2.

1. FARINOSA, F., *l. c. cum icone.* — Frondes bipinnatifides, deltoïdes en leur pourtour, nues du côté supérieur des lames et couvertes abondamment d'une poussière blanche, de même nature que la matière pulvérulente sécrétée par les *Ceropteris*. Pinnules pinnatifides, sessiles et au nombre de 7-8 environ, pour chaque côté du rachis, les inférieures, plus grandes, ont une forme deltoïde et pédiaire ; les sporothèces sont arrondis et cachés sous un indusium très-mince, glabre, à marge frangée et assez ample. Cette fougère que M. Baker dit être très-rare au Brésil et n'avoir été récoltée que par Pohl, sans indication précise de localité, est robuste, cartilagineuse, raide, opaque et de dimension très-variable. Les frondes sont fasciculées sur un rhizome chargé d'écailles fauves. Il faudrait retrouver cette plante pour qu'elle pût être définitivement rattachée à la flore du Brésil.

31. CHEILANTHES, Sw., *Syn. filic.*, p. 126, T. 3, fig. 5-7.

4. TWEEDIANA, Hook., *Sp. filic.*, II, p. 84, T. 96 *b ;* F., *l. c.*, p. 55. *C. microphylla*, Sw., *Syn. filic.*, p. 127 ; Willd., *Filic.*, p. 458 ; Prov. Corrientes, *par d'Orbigny, teste* Baker.

5. GLANDULIFERA, F., *Gen. filic.*, p. 158, *sub nomine specifico glandulosa. Paesia viscosa*, Saint-Hil., *Voy. district diam.*, I, p. 381. — (Rio-Janeiro, à Itatiaia, n° 5322, et n° 5323 à Rio sans autre indication.)

ICON.: *Tab. LXXXVIII, fig. 3.*

Nous n'avons rien à ajouter à la description de cette plante, encore méconnue des auteurs en tant que genre, et qui est bien un *Cheilanthes;* la souche est petite et les frondes y sont réunies au nombre de 3-5; les radicelles sont assez grosses et cylindriques. Le nom de *viscosa* ne pouvait être adopté, ayant été donné par Kaulfuss à une plante du Mexique, celui de *glandulosa* se rapporte à une plante de Swartz. Dans cet état de choses voici comment nous croyons possible de régler la nomenclature de notre plante et des espèces qui s'y rattachent:

1. *Paesia viscosa,* Saint-Hil.; *Voy. distr. diam.,* I, p. 381; *Ch. glandulosa,* F.; *Ch. glandulosa?* Sw., *l. c.; Ch. glandulifera,* Th. Moor. et F., *ll. cc.; Pteris viscosa,* Th. Moor.; Gardn., *Chron.,* 1860, p. 878.

2. *Ch. glandulosa,* Sw., *Stockl. Vet. acad. Handl.,* 1817, p. 71; Metten., *Cheil.,* p. 43, T. 3, fig. 32 (*fragmentum*); *an Ch. glandulosa,* F.

3. *Ch. glandulosa,* F., *Gen. filic., l. c.,* p. 158; *Paesia viscosa,* A. Saint-Hilaire.

4. *Ch. glandulifera,* F., *Crypt. vasc. Brés.,* p. 55, 1869, et Th. Moor., *Ind.,* p. 242, 1857 (*nomen tantum*); *Paesia viscosa,* A. Saint-Hilaire.

5. *Ch. glandulifera,* Liebm., Mexic. Breyn., p. 106; *Ch. viscosa, Klfss.*

6. *Ch. glandulosa,* Papp. et Raws; *Ch. hirta,* Sw., var. γ.

6. AQUILINARIS, F.

Frondibus tripinnatis, in ambitu triangularibus, longe petiolatis; frondulis primariis infimis minoribus, remotis, alteris quinque pinnatis, suboppositis, pyramidatis; omnibus acutis, secundariis ejusdem forma, tertiariis angustis, marginibus lobatis, statu fructifero replicatis; petiolis castaneis, bisulcatis, depressis, glabris, rachidibus subpilosis; sporotheciis a margine tegente absconditis.

Habitat in Brasilia fluminensi. (Glaziou, n° 5330.)

Filix aspectu et colore pteridis aquilinæ, sed minor et magis divisa; rhizomate repente, segmentis ultimis crenatis.

ICON.: *Tab. XCI, fig. 1.*

(Longueur, 35-40 centim., dont le pétiole fait plus de la moitié; les plus grandes frondules mesurent 12 centim. sur 6 centim. d'envergure.)

Cette espèce est tout à fait remarquable par la paire de frondules qui se développe au milieu des pétioles, détachée du système général de la fronde dont elle semble une annexe; elle est assez délicate; ses derniers segments sont crénelés, épais et opaques; les sporothèces se cachent sous un repli des lobules de la marge. Elle a, avec de moindres dimensions, la couleur, la consistance et même un peu l'aspect du *Pteris aquilina*, L., dans les spécimens *maigres*. Ajoutons qu'elle rappelle par sa forme et la disposition de ses pinnules, ainsi que par sa consistance, le *Mertensia grandis*, F., *Hist. foug. Antill.*, p. 120.

7*. HIRSUTA, Lk., *Hort. Berol.*, II, p. 42; Th. Moore, *in Indice*, p. 243, *Ch. pyramidalis*, F., *Icon. nov.*, p. 38, T. 25, fig. 3, *exclusa*. — (Brésil, Blanchet, n° 508.) — Tripinnée, oblongue en son pourtour, à frondules lancéolées, obtuses, crénelées, atténuées à la base, indusium revêtant l'aspect d'un léger tomentum. — Cette plante est-elle bien brésilienne?

8*. SELLOWIANA, Presl., *Tent. pterid.*, p. 160. — Espèce regardée comme douteuse par Hooker, *Spec. filic.*, II, p. 116. M. Th. Moore en fait une plante brésilienne, sans indiquer sur quelle autorité il se fonde.

33. JAMESONIA, Hook. et Grev., *Icon. filic.*, n° 178.

1. SCALARIS, Kze., *in Bot. Zeit.*, 1844, p. 78, et suites à Schkh., I, p. 67, T. 71 A; F., *Crypt. vasc. Brés.*, p. 55. — (Rio-Janeiro, à Itatiaia, Glaziou, n° 5327.) — Les frondes linéaires, à frondules extrêmement nombreuses, glabres en dessus, tomenteuses en dessous, à poils roux, intestiniformes, de la grandeur et presque de la forme du *Lemna arrhiza*, L., forment des séries continues sur un rhizome très-délié pour s'élever à peu près à la même hauteur. C'est l'une des plus curieuses espèces de la famille des Polypodiacées.

IX. HÉMIONITIDÉES.

35. NEVROGRAMME, Lk., *Spec. filic.*, p. 138.

1. TOMENTOSA, Lk., *l. c.*, F., *Crypt. vasc. Brés.*, p. 56. — (Rio-Janeiro, Glaziou, n° 5326.) — Cette forme est exactement celle qui est reproduite par Raddi. (*Filic. Bras.*, T. 19.)

3. scandens, F., *Crypt. vasc. Brés.*, p. 263. — (Rio-Janeiro, Glaziou, n°s 3552 et
5321.) — Nous n'avions vu d'abord cette espèce qu'à l'état stérile et jeune;
nous la figurons ici adulte et fructifiée. Elle est trop distincte pour qu'il soit
besoin d'insister sur la description que nous en avons donnée. Le spécimen
figuré mesure 75 centimètres.

Icon.: *Tab. XCII.*

X. ANTROPHYÉES.

36. ANTROPHYUM, Klfss., *Enum. fil.*, p. 198.

2. lineatum, Klfss., *l. c.;* F., *Crypt. vasc. Brés.*, p. 57. — (Rio-Janeiro, Glaziou,
n° 5325.) — Plante délicate, flexible, transparente, lancéolée, finissant en
pétiole, parfois légèrement arqué.

XI. LEPTOGRAMMÉES.

39. GYMNOGRAMME, Desv., *Berol. mag.*, V, p. 505.

1. asplenioides, Sw., *et auct.;* F., *Crypt. vasc. Brés.*, p. 58. — (Rio-Janeiro, à
Tijuca, n°s 4662 et 5324.) — Cette espèce, des plus distinctes, est pinnée
dans les trois quarts de son étendue.

4. attenuata, F., *Crypt. vasc.*, p. 59, T. 14, fig. 2. — (Rio-Janeiro, Glaziou,
n° 4661.) — Les sporanges sont éparses dans ce spécimen.

5 ². Sellowiana, Metten., Mss. *ex* Kuhn. *in Linnæa,* XXXVI, p. 69. — Pétioles
courts, flexueux, pubescents ou hispides par le haut; frondes linéaires, lancéolées, petites, épaisses, glabres en dessus, hispides en dessous ou pubescentes, bipinnées, à pinnules très-nombreuses, rapprochées, étalées, presque
sessiles, les dernières partitions petites, oblongues avec quelques dents; les
inférieures libres; sporothèces linéaires (*ex Mettenio*). Habite les points cul-
minants de la Serra da Piedade, Minas-Geraes (Warming). M. Baker la
déclare très-distincte et remarquable par les derniers segments de ses frondules qui sont renflés (*bullosi*). Presl (*Tent. pterid.*, p. 160) a fait un *Cheilanthes* de cette plante; elle nous est inconnue.

6*. PATULA, F., *Crypt. vasc. Brés.*, p. 59, T. 14, fig. 2. — (Rio-Janeiro, Serra os
Orgaos, Glaziou, n°s 3586 et 5267.) — Cette espèce établie sur le n° 2822
est devenue pour M. Baker, *Polyp. Bras.*, p. 500, le *Polyp. pteroideum* de
Klotzsch (*Linn.*, XX, p. 389). Ce botaniste semble s'adresser à une autre
plante quand il dit : *Fronde lineari subscandente, pinnis deflexis, pinnellis
margine involutis, rachidibus quadrangularibus;* les frondules de notre plante
ont des marges tantôt entières et tantôt crénelées avec des nervilles simples
ou bifurquées.

NB. L'espèce suivante demande à être mieux connue : *G. myriophylla*, Sw. *in
Stockh. Vet. acad. handl.*, 1817, p. 15. (Baker, *Polyp. Bras.*, p. 554; Bahia, Luschnath; province Saint-Paul, Burchell, n°s 3707 et 3074.) Elle est visqueuse et très-divisée. Nous pensons qu'elle peut être réunie à notre *Cheilanthes glandulifera,
Paesia*, A. Saint-Hilaire.

6². INSIGNIS, Metten., *l. c.*, p. 70. — Pétioles très-longs, hispides, frondes épaisses,
allongées, 3-4 pinnatifides, hispides sur les deux faces, rachis flexueux,
pinnules ovales lancéolées, obtuses, làchement pétiolées, pinnelles inégalement ovales, obtuses, les plus inférieures courtement pétiolées, pinnatifides,
segments obovales, pinnatifides ou dentées; sporothèces linéaires. Elle a été
trouvée par Saint-Hilaire dans la Serra negra et dans le district des Mines.
Elle nous est inconnue.

39². GLAPHYROPTERIS, Presl., *Die Gefassbünd. in stip. der Farren*, p. 36
(*in notis nomen tantum*).

1. DECUSSATA, L., *Sp. pl.*, p. 1555, *sub polypodio;* Sw., *Syn. filic.*, p. 40; Willd.,
Filic., p. 204; Plumier, *Filic.*, p. 19, T. 24? *Phegopteris;* Metten., *Hort. Lips.*,
p. 83, T. 17, fig. 8; *Gymnogramme microcarpon*, F., 7e *Mém.*, p. 43, T. 20.
— Fougère très-dilatée, robuste, velue, à très-longues pinnules presque
opposées et divisées en segments oblongs, très-nombreux (jusqu'à 40 environ)
et très-rapprochés; les sporothèces linéaires, allongés, noirâtres avant la maturité, sont au nombre de 25-35 de chaque côté du mésonèvre; elle s'élève
jusqu'à 1^m,50 et vit dans les grands bois. Le pétiole est spinulescent.

NB. Nous avons fait du *Glaphyropteris* un sous-genre du *Phegopteris*, après

avoir vu en lui un *Gymnogramme,* à côté duquel nous lui donnons définitivement
une place. Pour peu qu'on tienne compte du port, il sera facile de comprendre
que cette forme doit être isolée pour former un groupe distinct, auquel on rattachera :
1° le *Gl. rudis,* Presl., *Polypodium,* Kze., *Alsophila pilosa,* Mart. et Gal., *Foug.
mexic.,* p. 78, T. 22 ; 2° le *Gl. erubescens,* Wallich, *sub polypodio,* de l'Inde
anglaise, à sporothèces situés près du mésonèvre, et 3° notre *Gl. decussata,* à
sporothèces attachés sur la partie moyenne de la nerville, le sommet du segment
prolifère étant stérile. — Dernière espèce que nous n'avons pas vue du Brésil, et
qui aurait été récoltée par Martius dans la province de Saint-Paul et dans les
environs de Rio-Janeiro par M. Glaziou, n° 2372 (*teste* Baker).

41. ANOGRAMME, Lk., *Sp. filic.,* p. 137.

2*. CHÆROPHYLLUM, Desv., *Berol. mag.,* V, p. 307, *sub gymnogrammate; Anogramme,* Lk., *l. c.,* p. 138. — (Rio-Janeiro, au Morro do Flamingo, *sine* n°,
et à Tijuca, Glaziou, n°ˢ 4404 et 5379) [1872]. — Plante très-herbacée, pellucide, glabre, fragile, à frondules inférieures bipinnatifides, les supérieures
quadripinnatifides, et les derniers segments incisés. On la trouve dans plusieurs parties de l'Amérique tropicale et équatoriale.

XII. ASPLÉNIÉES.

42. ATHYRIUM, Roth., Presl., *Tent. pterid.,* p. 97.

1*. INCISUM, F., *Gen. filic.,* p. 187. — (Sources du Rio-Soberbo, sommet des
Orgues, dans les marécages, n° 4403, et à Itatiaia, n° 5320.) — Grande
espèce à frondes sous-tripinnées, glabres, à pinnules lancéolées, acuminées, sessiles, pinnatifides, à segments étroits, recourbés, profondément
incisés au sommet; pétioles et rachis sillonnés, gramineux; sporothèces
marginaux à indusium très-large, rufescent et légèrement arqué. — Nous
avons décrit cette plante pour la première fois sur un spécimen de la France
centrale.

ICON.: *Tab. XCIII.*

6

43. ASPLENIUM, L., *Sp. pl.*, 1558.

** Frondes simplement pinnées.*

A. *Grandes formes.*

4. ESCRAGNOLLEI, F., *Crypt. vasc. Brés.*, p. 62, T. 15. — (Rio-Janeiro, Glaziou,
nos 5315 et 5388) [1872]. — Cette plante a de très-grands rapports avec
l'*A. oligophyllum*, Klfss., dont elle n'est peut-être qu'une forme à frondules
ovoïdes, dressées, nullement *elongato-lanceolatis*, suivant l'expression de
Kaulfuss; cet auteur leur donne 6-8 lignes de largeur, tandis que notre
n° 1774 mesure au centre plus de 20 lignes, près de 2 pouces. Le n° 2816
rentrerait mieux dans les conditions exigées par Kaulfuss.

5. CAMPTOCARPON, F., *l. c.*, p. 63, T. 16, fig. 1. — (Rio-Janeiro à Tijuca, Glaziou,
nos 5314 et 5316, sans désignation précise.) — Cette espèce emprunte son nom
de la courbure très-marquée des sporothèces, courbure qui s'explique par la
direction des nervures, qui sont arquées de dedans en dehors; le pétiole est
chargé d'écailles ovales, acuminées; elle vit sur les troncs d'arbres. On la trouve
parfois réduite à une seule frondule qui prend alors un développement considérable, 34 centimètres de longueur sur 3 de largeur, mesures prises sur le
n° 5316, *subsimplex.*

7. SALICIFOLIUM, Radd., *Fil. Bras.*, p. 35, T. 50, non Linné. — La plante figurée
par Raddi ne rappelle en aucune manière les feuilles du saule, il faut chercher
ces rapports dans notre *A. Neogranatense*, F., 7e *Mém.*, p. 47, T. 14, fig. 1,
quoiqu'il en soit distinct comme espèce.

8. CIRRHATUM, Rich., *in* Willd., *Filic.*, p. 321, F., *Crypt. vasc. Brés.*, p. 64. —
(Rio-Janeiro, Glaziou, n° 4397.) — La prolongation du rachis (*cirrha*) se
prononce même dans les très-jeunes frondes.

9. GIBBOSUM, F., *Gen. filic.*, p. 195; *Crypt. vasc. Brés.*, p. 64. — (Rio-Janeiro,
Glaziou, n° 5312.) — Souche dressée, très-fibrilleuse; elle est plus délicate
que le n° 2345 appartenant à la même plante.

13. MACRODON, F., 10ᵉ *Mém.*, p. 28? — (Rio-Janeiro, Glaziou, Alto-Macahe, nº 4396.) — C'est avec doute que nous rattachons cette plante à l'*A. macrodon;* on ne trouvera pas ici les frondules inférieures réfléchies et de forme orbiculaire. Dans ce spécimen les frondes sont comme géminées sur leur support; les pétioles et les rachis de couleur brun foncé sont déprimés.

14. HARPEODES, Kze., *Linn.*, XVIII, p. 329; F., *Crypt. vasc. Brés.*, p. 65. — (Rio-Janeiro, Glaziou, nº 4657, Bas-Itatiaia, sur les rochers à 1200ᵐ.) — Ce nom spécifique exprime que les frondules sont courbées en cimeterre (*harpa*). La synonymie de cette espèce est très-chargée. M. Hooker l'a figurée T. 178 du tome III de son *Species.* Pétioles adiantins très-fragiles; frondules longuement acuminées, très-prolifères.

14². ABSCISSUM, Willd., *Filic.*, p. 321; *A. bidentatum*, Kze., *Linn.*, IX, p. 66. — (Rio-Janeiro, Belem, Glaziou, nº 5318?) — Frondes pinnées, attachées sur un petit rhizome hypogé; pétioles rougeâtres, striés, déprimés ainsi que le rachis; frondules lancéolées, arquées, presque dimidiées, terminées en coin, marge supérieure gibbeuse, irrégulièrement déchiquetée, dentée ou bidentée; sporothèces médians ou sous-marginaux. — Cette plante croît dans les terrains humides; elle est de moyenne taille; à voir la manière dont le sommet s'effile, on peut croire qu'il est radicant.

16. REGULARE, Sw., F., *Gen. filic.*, p. 66; *Crypt. vasc. Brés.*, p. 66. — (Rio-Janeiro, Glaziou, nº 5382) [1872]. — Cette espèce n'a point été figurée et peut être considérée comme étant encore mal établie.

19. FIRMUM, Kze., *Bot. Zeit.*, III, 283; F., *Crypt. vasc. Brés.*, p. 66. — Cette plante a été figurée par M. Hooker, *Spec. filic.*, p. 134, T. 174.

20. ALATUM, H. B., Kze., *Nov. gen.*, I, 12; F., *Crypt. vasc. Brés.*, p. 67. — (Rio-Janeiro, Serra os Orgaos, Glaziou, nº 4394, et par le même, Alto-Macahe, nº 4401.) — Espèce bien distincte, translucide, les rachis parfois prolifères, étroitement ailés; frondules presque elliptiques, très-obtuses, cunéiformes à la base, inégalement dentées en scie en leur pourtour; les sporothèces sont assez courts et ils en occupent le centre.

22. AURITUM, Sw., *Fil. Ind. occid.*, III, p. 1616; F., *Crypt. vasc. Brés.*, p. 67. — (Rio-Janeiro, Alto-Macahe, Glaziou, n° 4399.) — Cette forme est cirrhifère au sommet. Elle tend vers le bas à devenir pinnatifide; l'espèce à laquelle nous la rattachons est des plus mobiles dans ses formes.

B. *Frondes de grandeur médiocre.*

22². INCISURATUM, F.

> *Frondibus pinnatis, mollibus, petiolis depressis, fuscis, rhizomate pauci-frondulifero, frondulis glabris, alternis, translucidis, lanceolatis, petiolatis, basi cuneatis, superne gibbosis, apice acutis, marginibus dentato-incisis; sporotheciis crassis, mesonevro approximatis, indusio latiusculo; sporangüs magnis, annulo 14-16 articulato, sepimentis latis, succinoideis, sporis crassis episporiatis, fuscis, marginatis.*
>
> *Habitat in Brasilia fluminensi.* (Glaziou, n° 5327, Morro da fazenda.)
> *Filix petiolo rachique depressis, frondula terminali rhomboidali, profunde incisa; frondibus siccitate nigrescentibus.*

ICON.: *Tab. XCIV, fig. 1.*

(Longueur, 30-34 centim., dont le pétiole fait environ la moitié, 5 à 6 paires de frondules, ne dépassant guère 5 centim. sur 10-13 millim. de largeur.)

Cette espèce se rapproche de l'*A. salicifolium*, L., elle est caractérisée par sa consistance et les incisions plus ou moins profondes de sa marge, par la brièveté et la grosseur de ses sporothèces, ainsi que par celle de ses spores. Les frondules sont arquées, acuminées et sous-opposées par le bas; elles naissent sur une petite souche chargée d'écailles ovoïdes, longuement acuminées. Les poils sont strigilleux.

26. JUCUNDUM, F., *Crypt. vasc. Brés.*, p. 68, T. 17, fig. 1. — (Rio-Janeiro, Glaziou, n⁰ˢ 4657 et 4658, à Alto-Macahe.) — Charmante espèce à frondules courbées, prolongées en une très-longue pointe denticulée et fertile.

27. SERRONII, F., *Crypt. vasc. Brés.*, p. 68, T. 17, fig. 2. — (Rio-Janeiro, Gavia, n° 4393.) — Le n° 419 est rapporté dans l'ouvrage de M. Baker à l'*A. pulchellum*, de Raddi. — Notre plante est bien plus vigoureuse, elle porte un nombre beaucoup plus considérable de frondules; la fronde, pinnatifide au sommet, se termine par des segments étroits et irrégulièrement dentés:

port de certaines espèces européennes. — M. Glaziou nous apprend que cette espèce croît sur la terre sèche et pierreuse à l'ombre des grands arbres et des rochers, tandis que l'*A. pulchellum* vit sur les pierres mouillées et moussues des ruisseaux.

28. PULCHELLUM, Radd., *Fil. Bras.*, p. 37, T. 52, fig. 2; F., *Crypt. vasc. Brés.*, p. 69. — (Rio-Janeiro à Belem, Glaziou, n° 5319.) — (Voyez l'espèce précédente.)

28². TRICHOMANES, L., *Sp. pl.*, p. 1540; Schkh., *Filic.*, p. 69, T. 74. Var.: *Brasiliensis*, F. — (Rio-Janeiro à Itatiaia, Glaziou, n° 5308.) — Elle ne diffère de l'espèce européenne que par un indusium beaucoup plus large, des pétioles plus robustes et des frondules à crénulations plus marquées.

ICON. : *Tab. XCIV, fig. 2.*

C. FALCARIA; *consistance sèche; frondes raides.*

29. SERRA, Langsd. et Fisch., *Filic.*, p. 16, T. 19; F., *Crypt. vasc. Brés.*, p. 69. — (Rio-Janeiro, Glaziou, n° 4656.) — Le rhizome est très-gros, chargé de longs poils du plus beau noir. La marge des frondules extérieures n'est dentée que dans sa moitié supérieure.

Var.: WOODWARDIOIDES, Gardn., *Lond. Journ.*, I, 547. — (Rio-Janeiro, Glaziou, n° 5313.) — Plus robuste; la marge est irrégulièrement dentée.

** *Frondes bi-tripinnées.*

29¹. CAUDATUM, Forst., *Prodr.*, 432; Schkh., *Die Farren*, p. 72, T. 77. — (Campos novos, prov. Rio-Janeiro; Bahia, Minas Geraes.) — Cette fougère qui n'avait été vue, jusqu'à présent, qu'aux îles Sandwich, à Taïti et aux Philippines, est présentée par M. Baker comme une forme spéciale. Ne serait-ce pas une espèce distincte?

32¹. HALLII, Hook., II, *Centur. ferns*, T. 30. — (Saint-Gabriel, Haut-Amazone, Spruce, n° 2357.) — Pétioles nus, courts, frondes membraneuses, herbacées, d'un vert obscur, à sommet radicant; elles sont oblongues, étroites, bipinnatifides, à frondules sessiles, au nombre de 20-30 paires, étalées, lancéolées; segments linéaires, un peu obtus, à la base desquels naissent de courts sporothèces. (Baker, *Filic. Bras.*, p. 443.)

34. CUNEATUM, Lmrk., *Encyc., méth.*, II, p. 309; F., *Crypt. vasc. Brés.*, p. 70. — (Rio-Janeiro, Glaziou, n° 4400.) — Rachis déprimé, canaliculé, couvert, ainsi que le pétiole, d'écailles piliformes, brunâtres et étalées.

35². TRAPEZOIDES, Sw., *Syn. filic.*, p. 76; Schkh., *Crypt. Gew.*, p. 63, T. 67. — (Brésil austral, Rio-Grande.) — Petite plante bien caractérisée.

38. OVALESCENS, F., *Crypt. vasc. Brés.*, p. 72, T. 18, fig 2; *A. pseudo-nitidum*, Radd. Var. : β; *crenatifolium*, Hook., *Spec. filic.*, III, p. 185. — (Rio-Janeiro, Glaziou, n°s 4395 et 5307.) — Nous avons fondé cette espèce sur les n°s 2474 et 2814 de M. Glaziou que MM. Hooker et Baker rapportent à l'*A. pseudo-nitidum* de Raddi. Il est bien vrai que les rapports qui existent entre ces deux plantes sont réels, mais les lobes dans notre espèce sont largement ovales, non dentés en scie, et à dents obtuses. La figure d'une pinnule donnée par Mettenius (*Aspléniées*, T. V, fig. 25) fait pleinement ressortir ces différences, et M. Hooker (*Spec. filic., l. c.*) semble appuyer la distinction que nous établissons, quand il dit : *My specimens of this handsome fern exhibit two forms, which I dare not venture to consider distinct. In the very glossy and ebeneous stipes and rachis the var.* β *crenatifolium mostly ressembles the figure and description of Raddi, but differs in the very obtuse pinnules and in bluntly crenated, not serrated margins.*

40. PSEUDO-NITIDUM, Radd., *Filic. Bras.*, p. 39, T. 55; F., *Crypt. vasc.*, p. 72. — (Rio-Janeiro à Itatiaia, Glaziou, n° 5306.) — Partitions secondaires distantes, pinnées, pinnules ovoïdes, terminées en pétioles, écartées et dentées en scie. (Voyez l'espèce précédente.)

40². PUMILUM, Sw., *Syn. filic.*, p. 76; Plum., *Filic.*, T. 66 a. — (Minas-Geraes.) — Petite espèce, à frondes hétérophylles, rare au Brésil (*teste* Baker).

40³. SCHKUHRIANUM, Presl., *Tent. pterid.*, p. 107; *A. lœtum*, Schkh., *Die Farren*, p. 65, T. 70; *A. abscissum*, Willd., *Filic.*, p. 321. — (Rio-Grande do Sul; Rio-Janeiro, Lyall.; Haut-Amazone, Spruce, n° 1633.) — Frondes pinnées, frondules en trapèze oblong, aiguës, incisées en scie, la base en croissant. — Il existe cinq *A. lœtum* dans les auteurs, tant est incertaine la synonymie.

D. DAREASTRUM.

† *Frondes pinnées.*

41. MONANTHEMUM, L., *Syst. veget. Murray*, p. 1785; Sw., *Syn. filic.*, p. 80; F., *Crypt. vasc. Brés.*, p. 72. — (Rio-Janeiro à Itatiaia, Glaziou, n° 5310.) — Les frondes sont lancéolées-linéaires, pouvant porter jusqu'à 50 frondules, les inférieures plus courtes et plus écartées; il n'existe qu'un seul sporothèce ou rarement deux, fort gros, occupant presque en entier la base de la frondule fructifère. Nous recevons un n° 5309 de forme plus petite.

†† *Frondes bi-tri-quadripinnées.*

46. SCANDICINUM, Hook., *Spec. filic.*, III, p. 183, T. 204? F., *Crypt. vasc. Brés.*, p. 73, non *A. divergens*, Metten. — (Serra os Orgaos et Praja d'Alegre, prov. de Saint-Paul, Burchell, n°s 2374 et 4671; Sainte-Catherine, Tweedie.) — Frondes fasciculées, glabres, grisâtres, coriaces, tripinnatifides; pinnules pétiolées-pinnatifides, dentées à la marge externe. C'est une assez grande plante, très-herbacée; verte, pellucide et paucinervée.

NB. Le genre *Asplenium* renferme plus de 250 espèces, parmi lesquelles il en est plusieurs dont il n'est pas toujours possible de débrouiller la synonymie. Cette accumulation de noms spécifiques a lieu pour les espèces les mieux caractérisées; c'est ainsi que l'*A. Adiantum-nigrum*, L., est connu sous dix noms; l'*A. falcatum* en a quinze; l'*A. præmorsum* et ses variétés plus de trente. Qui pourrait se flatter de s'y reconnaitre? Aussi croyons-nous avoir agi sagement en réduisant ces synonymes autant qu'il était possible et permis de le faire.

XIII. SCOLOPENDRIÉES.

45. ANTIGRAMME, Presl., *Tent. pterid.*, p. 120.

1. REPANDA, Presl., *l. c.*, F., *Crypt. vasc. Brés.*, p. 74. — (Rio-Janeiro à Belem, Glaziou, n°s 4660 et 5305.) — Les écailles de la base des frondes sont cancellaires comme dans les Vittariées et les Antrophyées. Les radicelles, extrêmement nombreuses, sont très-longues et écailleuses.

3. Douglasii, Hook. et Grev., *Icon.*, T. 150, *sub asplenio;* F., *Crypt. vasc. Brés.*, T. 74. — (Rio-Janeiro, Gavia, au bord de la mer, n° 4402.) — Spécimen très-élargi à la base et largement cordiforme; les lobes se prolongent en oreillettes obtuses; elle est très-vigoureuse et ses sporothèces binaires ont 2 millim. de largeur.

5. A. Lageana, F. et Glaz., *Crypt. vasc. Brés.*, p. 264. — Elle a été reçue sous le n° 3562. — Base des frondes arrondie, tronquée ou même cordiforme.

NB. Les cinq espèces indiquées comme brésiliennes pourraient se réduire à trois ou même à deux, *A. repanda*, Presl., et *A. Douglasii*, Hook.

XIV. DIPLAZIÉES.

46. DIPLAZIUM, Sw., *Syn. filic.*, p. 4.

**** *Frondes pinnées, assez larges, crénelées.***

2. Callipteris, F., *Gen. filic.*, p. 214; *Crypt. vasc. Brés.*, p. 75. — (Rio-Janeiro, Glaziou, n° 5390) [1872]. — Les nervilles sont en relief; les frondules élégamment ondulées-crénelées; elle noircit par la dessiccation.

3. grandifolium, Sw., *in Schrad. Journ.*, 1800, II, p. 62; F., *Crypt. vasc. Brés.*, p. 75. — Mettenius ex Kuhn *in* Linn., XXXVI, 104, a fait du n° 2474 de M. Blanchet une espèce distincte sous le nom d'*Asplenium Blanchetii*.

4. dissimile, F., *Crypt. vasc.*, p. 76, T. 21, fig. 1; *A. Riedelianum,* Bongard *in* Baker, *Polyp. Brés.*, p. 450, T. 61. — Plante très-polymorphe.

5. A. celtidifolium, Kze., *Bot. Zeit.*, III, 1845, p. 285; F., *Crypt. vasc. Brés.*, p. 76. — Ce nom spécifique est difficile à comprendre. De quel *celtis* veut-on parler? Aucune feuille de cet arbre ne ressemble à la fronde d'une fougère, quelle qu'elle soit. La plante de Kunze n'est indiquée comme brésilienne que sur un spécimen unique, celui de M. Blanchet, n° 544.

6. parallelogrammum, F., *Crypt. vasc. Brés.*, p. 76, T. 20, fig. 2; *Diplazium Lechleri*, Moor., *Ind. filic.*, p. 331; *Asplenium Lechleri*, Metten., *Fil. Lechler.*, p. 16, T. 2, fig. 10; Baker, *Filic. Bras.*, p. 450. — Belle espèce trouvée d'abord au Pérou.

17. LEPTOCHLAMYS, F., *Crypt. vasc. Brés.*, p. 79, T. 22, fig. 1. — A des rapports avec le *D. ambiguum* de Radd., *Filic. Bras.*, p. 41, T. 58. — Dans notre plante les frondules sont presque pinnatifides, pétiolées, à nervilles nombreuses, très-rapprochées; sporothèces au nombre de 8-9 paires.

18. HERBACEUM, F., *Crypt. vasc. Brés.*, p. 80, T. 23, fig. 1. *Asplenium (diplazium) Glaziovii*, Baker, *Filic. Bras.*, p. 455. — C'est sous ce nom que notre espèce a été postérieurement décrite par M. Baker. Nous lui avons donné par erreur le n° 2062, lisez n° 2061.

18¹. DELICATULUM, F.

> *Frondibus amplis, tenerrimis, tripinnatis, herbaceis, glaberrimis, petiolo rachique helveolis; partitionibus primariis petiolatis, oblongo-lanceolatis, rachi rufescente, depresso, canaliculato; secundariis lanceolatis, vix petiolatis, longe acuminatis, acumine crenato; rachi alato; segmentis oblongis, crenatis; sporotheciis quinque per seriem; sporangiis satis, parvis, rotundis, annulo 14 articulato, sporis ovoideis, pallide luteolis.*

> *Habitat in Brasilia fluminensi.* (Glaziou, n° 5303, Tijuca.)

> *Filix dilatata, tenerrima, rachibus delicatulis, pinnulis secundariis curvatis, longe acuminatis.*

(Longueur : 1 mètre et plus; frondules primaires, 25-28 centim.; pinnules, 5-8 centim. sur 2 de largeur.)

Très-grande espèce, ayant un pétiole vigoureux et un rachis très-délié, elle est très-herbacée; toutes ses partitions sont très-écartées, elle a le port et la consistance du *D. herbaceum*, F., mais chez cette dernière tout se termine en pointe, tandis que dans l'autre toutes les partitions sont obtuses.

20. ROSTRATUM, F., *Crypt. vasc. Brés.*, p. 81, T. 24, fig. 2. — (Rio-Janeiro, Glaziou, n° 5304.) — Espèce assez variable dont la figure donnée ne reproduit qu'une des formes et la moins fréquente; les frondules sont légèrement cordiformes; les crénulations tronquées.

XV. MÉNISCIÉES.

48. MENISCIUM, Schrad., *Gen. pl.*, n° 1630.

1. RETICULATUM, Sw., *Syn. filic.*, p. 19; F., *Crypt. vasc. Brés.*, p. 83. — (Rio-Janeiro, à Campo bello, Glaziou, n° 5302.) — Très-grande et très-belle espèce; elle vit dans les endroits marécageux.

XVI. POLYPODIÉES.

49. GRAMMITIS, Sw., *Syn. filic.*, p. 21.

1¹. ORGANENSIS, F., *Crypt. vasc. Brés.*, p. 264, T. 78, fig. 1. — (Rio-Janeiro, Glaziou, n° 4406, non Gardn., *in* Hook., *Icon pl.*, T. 109.) — Notre plante, à laquelle il eût été préférable de donner un autre nom, a des nervilles simples et non bifurquées, comme dans la plante de Gardner plus haut citée, une fronde crénelée et non pinnatifide; la radication est aussi différente, il n'y a pas de rhizome, mais une petite souche fibrilleuse.

1². WITTIGIANA, F. et Glaz.

> *Frondibus simplicibus, linearibus, obtusis, glabris, marginibus dentatis, dentibus obtusis; mesonevro fusco, rigido; nervillis simplicibus, margines non attingentibus, leviter arcuatis, fuscis, superficialibus; sporotheciis crassis, ovoideis, costalibus; sporangiis latis, parvulis, annulo angusto, 10-12 articulato, sporis fuscis, rotundatis lævibusque.*

>   *Habitat in Brasilia fluminensi ad Itatiaia.* (Glaziou, n° 5300; altitude, 2300 mètres.)

> *Filix parvula, translucida, linearis, cæspitosa.*

> ICON.: *Tab. XCV, fig. 1.*

(Longueur, 5-7 centim. sur 5 millim. de largeur.)

Cette espèce diffère de la précédente par des marges dentées ou ondulées, mais non crénelées; elle est deux à trois fois plus petite, translucide et non opaque.

1ʼ. MUSCOSA, F.

> *Cæspitosa; frondibus oblongis, obtusissimis, glabris, opacis, margine crenatis, petiolo basi nudo, filiformi; mesonevro turgido, nervillis simplicibus, apice leviter inflato, translucido, punctiformi; sporotheciis costalibus, ovoideis, distinctis; sporangiis parvulis, longe pedicellatis, sporis globosis, leviter papillatis.*
>
> *Habitat in Brasilia fluminensi ad Itatiaia.* (Glaziou, n° 5301.)
> *Filix nana, frondibus cæspitosis, surculo crasso, fibrilloso.*
>
> Icon.: *Tab. XCV, fig. 2.*

Cette fougère est haute de 2 centimètres à peine, sur 2 millimètres de largeur; ses frondes naissent en touffe sur une petite souche fibrilleuse; elles sont glabres, crénelées, seulement vers les deux tiers inférieurs des lames; le sommet des nervilles se détache en un point noirâtre sur la lame supérieure.

6. MARGINELLA, Sw., Fl. *Ind. occid.;* p. 1631. *G. limbata*, F., 6ᵉ *Mém.*, p. 6, T. 5, fig. 1. — Plante nettement caractérisée par une bordure noire, continue et comme vernissée qui l'entoure et qui manque absolument dans le *G. fluminensis; Crypt. vasc. Brés.*, p. 85, T. 19, fig. 3, quoique le port des deux plantes diffère à peine.

7ʼ. PAUCINERVATA, F.

> *Filix nana, linearis, glaberrima, cæspitosa, opaca, nervatione ad mesonevron reducta, aliquando 2-3 nervillas tenuissimas emittente; sporotheciis 1-3 rotundis, surculo fibrilloso.*
>
> *Habitat in Brasilia fluminensi.* (Pic de la Tijuca, Glaziou, n° 5384.)
>
> Icon.: *Tab. XCVI, fig. 1.*

Cette fougère est fort petite, 2-2,5 centim. de longueur, sur un peu plus d'un millimètre de largeur; elle se termine en un court pétiole, très-délié. Il sera facile de la distinguer du *G. muscosa* à ses marges entières, très-étroites, dont les quelques nervilles qui se détachent du mésonèvre, sont très-déliées et n'impressionnent nullement la lame inférieure. Elle est aussi plus étroite.

8ʼ. SETOSA, Klfss., *Enum. filic.*, T. 272 *sub xiphopteride; G. myosuroides*, Radd., *Filic. Bras.*, p. 12, T. 22¹, fig. 3. — Elle est indiquée comme vivant dans la

Serra os Orgaos; ses frondes sont dressées, à sporothèces oblongs, occupant la base des segments pinnulaires et appuyés contre le mésonèvre. Le rhizome est rampant, tandis que la radication des espèces précédentes est à l'état de souche fibrilleuse.

9. FURCATA, Hook. et Grev., *Icon. filic.*, T. 62; Hook. et Baker, *Gen. filic.*, T. 72 B, fig. 1-6. — (Haut-Amazone, rive du Juarete, par Spruce, n° 2452.) — Ordinairement dichotome, parfois simple et parfois fourchue. Le rachis est noir d'ébène. Les sporothèces occupent le sommet des nervilles. Nous ne la connaissons que de la Guyane.

50. POLYPODIUM, L., Sp. filic., p. 1554.

* Type P. vulgare.

1 ². TYPICUM, F.

> *Frondibus pinnatifidis, segmentis ad mesonevron attingentibus, obtusissimis, basi leviter contractis, lamina superiori glabra, marginibus puncta minutissima carbonate calcis formata habentibus, lamina inferiori squamulosa, squamis fulvis, longe acuminatis, applicatis, petiolis canaliculatis, fuscis, parce squamosis; sporotheciis 6 biseriatis, crassis, immersis, annulo 12 articulato; sporis lævibus, lutescentibus, subtranslucidis, rotundatis ovoideisque.*
>
> *Habitat in Brasilia fluminensi ad Itatiaia.* (Glaziou, n° 5294.)
>
> *Filix facie Polypodii vulgaris, L., sed sporotheciis immersis, squamescentia sporangiis sporisque late diversa; rhizomate squamoso, crassitudine pennæ corvinæ; squamis lanceolatis, acuminatis, fuscis, margine albidulis.*

ICON.: *Tab. XCVI, fig. 2.*

(Longueur, 10-12 centim. sur 3,5-4 d'envergure, le pétiole fait la moitié de cette dimension.)

Le nom spécifique a pour but d'indiquer que la plante se rapproche du *Polypodium vulgare*, L., type du genre. Les différences qui séparent les deux plantes sont manifestes et nous venons de les indiquer. Chaque fronde se compose de 8-9 segments horizontaux notablement rétrécis à la base; le terminal est elliptique et assez court, les marges portent des denticulations peu profondes et écartées, le rhizome s'étend beaucoup et les frondes qu'il porte sont notablement écartées les unes des autres. Les spores sont lisses, jaunâtres, arrondis ou ovoïdes dans le *P. vulgare*, L., ils ont ici une forme de rein, avec une couleur brune et une surface grossièrement tuberculeuse.

2. TENUICULUM, F., *Gen. filic.*, 239, et *Crypt. vasc. Brés.*, p. 86. Ajoutez : non Humb. et Bonpl., *Nov. Gen.*, I, p. 9.

2². ARGYRATUM, Bory, *in* Willd., *Filic.*, p. 175.
    Var.: *Brasiliana*, F. — (Sommité des Orgues, Glaziou, n° 3579 et non 3577 qui appartient au *P. tenuiculum*, F.) — La couche céracée qui recouvre les segments inférieurs est de même nature que la matière pulvérulente, si abondante et si variée de couleur dans les genres *Ceropteris*, *Trismeria* et *Cincinalis*. Elle est amorphe. M. Glaziou nous écrit que cette plante est fort rare.

4. PLEOPELTIDIS, F., *Crypt. vasc. Brés.*, p. 86, T. 26, fig. 1. — Cette espèce diffère à peine du *P. Karwinskianum*, A. Br. *in* Metten., *Polyp.*, p. 66, établi sur une plante mexicaine, à laquelle Mettenius rattache comme variété le *P. plebeium* de Schlechtendal, Linn., V, p. 607.

4². LONGIPES, F.
    Frondibus pinnatifidis, triangularibus, apice attenuato, sterili, segmentis lanceolatis, obtusiusculis, basi latioribus, decurrentibus, marginibus integris, parce ciliatis, petiolis longissimis, pilosulis, adiantinis, mesonevro fuscescente; sporotheciis rubescentibus, 8-12 biserialibus, superficialibus, fere marginantibus; sporangiis ovoideis, annulo 12 articulato, sporis polymorphis.
    Habitat in Brasilia fluminensi in montibus Orgaos. (Glaziou, n° 4414.)
    Filix elata; rhizomate crasso, squamis angustis, acuminatis, intense fuscis vestito.
    ICON. : *Tab. XCV, fig. 3.*

(Longueur des frondes, 30-36 centim. sur 8 centim. d'envergure à la base; les segments, presque linéaires, n'ont que 3-4 millim. de largeur; les lames mesurent 12-14 centim., ce qui donne au pétiole au delà de 20 centim.)

Cette fougère est triangulaire, les segments inférieurs étant les plus longs; la lame supérieure n'est pas impressionnée par les sporothèces et n'offre aucune trace de points calcaires. Les pétioles, très-velus du bas, tranchent par leur couleur avec le mésonèvre; ils sont d'un noir très-pur. Elle semble se rapprocher du *P. plebeium*, Schlect., auquel on réunit le *P. leucosticton*, Klotz., dont le caractère est tiré de la sécrétion calcaire qui se montre sur les lames supérieures.

5. REPANDUM, F., *Crypt. vasc. Brés.*, p. 87, T. 29, fig. 1. — (Rio-Janeiro, Glaziou, n° 4421.) — Elle est pendante et ses pétioles sont chargés d'assez longs poils étalés. On la reconnaîtra sans peine à ses sinus terminés en pointe, à la marge des segments fortement ondulés et presque dentés, très-élargis à la base et chargés de 6-9 paires de sporothèces assez gros, indiqués sur la lame supérieure par un petit renflement qui porte au centre une dépression ponctiforme.

6. HIRSUTULUM, F., *Crypt. vasc. Brés.*, p. 87, T. 26, fig. 2.—(Rio-Janeiro, Serra os Orgaos, Glaziou, n°ˢ 3578 et 5299 à la Pedra bonita.) — Cette espèce a été décrite tout récemment par M. Baker, *Polypod. Brés.*, p. 513, sous le nom de *P. gradatum*. Le *P. hirsutulum* de Raddi, *Filic. Bras.*, p. 21, T. 29, fig. 2, est un *Goniophlebium* encore mal connu. (Voy., *l. c.*, p. 111.)

6ᵇ. VILLOSUM, F.

    Frondibus oblongo-lanceolatis, in omni parte villosissimis, opacis, segmentis horizontalibus, oblongis-obtusis, basi decrescentibus; petiolis villosissimis, fuscis, mesonevro albidulo, nervillis marginem attingentibus; sporotheciis leviter immersis, 7-8, approximatis, sed non confluentibus; sporangiis latis, parvis, annulo 12 articulato, brunneis, irregulariter rotundatis.

    Habitat in cacumine montium, Serra Orgaos incolarum (Glaziou, n° 4411.)

    Filix villosissima, pilis tenuibus, patulis; aspectu P. vulgaris, *sed tamen longe diversa.*

    ICON.: *Tab. XCVII, fig. 1.*

(Longueur, 16 centim. sur 3 d'envergure; les segments mesurent 4-5 millim.)

Cette espèce décroît à la base et au sommet. Les écailles du rhizome sont fort petites, lancéolées, dures et de couleur fauve; M. Glaziou nous apprend qu'elle est rare.

*** Type : Polypodium trichomanoides, Sw.*

8². ANGUSTISSIMUM, F.

Frondibus angustissimis, glabris, rigidis, basi decrescentibus, apice longe torulosis, petiolis filiformibus, lobis semi-ovoideis, alternis, aliquando connatis, numerosis, stipitibus gracilibus, flexuosis, longitudine varia; sporotheciis confluentibus a marginibus reflexis semi-vestitis; sporangiis ovoideis, annulo 14 articulato, sporis crassis, fuscis lœvibusque.

Habitat in Brasilia fluminensi (Glaziou, n° 5297), *lobis intermediis sœpe connatis, et in* n° 5298, *petiolis gracilioribus longioribusque.*

Filix ad P. moniliforme *accedens, sed manifeste diversa; rhizomate repente, squamoso, squamis oblongis, acuminatis.*

'ICON.: *Tab. XCVI, fig. 3 (sed in natura paululum longior et angustior).*

(Longueur, 17-20 centim. sur 3-4 millim. de largeur; le pétiole est à la lame :: 1 : 2 ou : 3. Je compte sur les frondes 36-40 paires de lobes.)

L'étroitesse des frondes, le grand nombre des lobes rapprochés les uns des autres, la confluence des sporothèces, à demi recouverts par les marges, établissent entre cette espèce des rapports avec les *Jamesonia*. Le *P. moniliforme*, Cav., qui prend place à côté de notre plante, donne lieu, malgré les différences spécifiques, à des analogies évidentes. Les lobes attachés par une très-large base prennent dans leur ensemble un aspect spiraloïde.

9. IMMERSUM, F., *Crypt. vasc. Brés.*, p. 88. — Rapporté par Mettenius au *P. jubœforme*, Klfss., *Flor.* 1823, p. 364.

9². SUBDICARPON, F.

Frondibus linearibus, flexibilibus, glabris, opacis, lobis pauci-nervatis, oblongis, petiolis pilosis, brevibus mesonevroque nigrescentibus; lamina inferiori pallidiori; sporotheciis basilaribus 1-2; annulo 12 articulato, sporis nigrescentibus, irregulariter rotundatis.

Habitat in Brasilia fluminensi. (Glaziou, n° 4410.)

Filix moniliformis, frondibus apice basique decrescentibus, marginibus leviter deorsum stricte revolutis.

ICON.: *Tab. XCVI, fig. 4 (sed in natura segmentis leviter minoribus).*

(Longueur, 18 centim. sur 10-11 millim. de largeur.)

Cette espèce est souple, légèrement élastique, à lobes ovoïdes ou hémisphériques, à frondes arquées, notablement discolores, vertes en dessus, jaunâtres en dessous; le pétiole est assez court et squammeux; les sporanges basilaires sont ordinairement uniques et beaucoup plus rarement au nombre de deux; le rhizome est relativement assez gros; il porte des écailles noirâtres, linéaires ou étroitement lancéolées et fort dures. — Cette fougère prend place dans la série des espèces à côté des *P. Trichomanes, moniliforme, immersum* et *angustissimum*.

11*. EXIGUUM, F., *Crypt. vasc. Brés.*, p. 89, T. 37, fig. 1. — Elle a quelque ressemblance avec le *P. Trichomanes*, Sw., tel qu'il est figuré par Schkhur., *Filic.*, T. 10, mais notre espèce, bien moins velue, est longuement pétiolée et non sessile.

12. CONFLUENS, F., *Crypt. vasc. Brés.*, p. 89, T. 26, fig. 3. — (Rio-Janeiro, Glaziou, n°s 3340 et 4408.) — Cette espèce aurait dû être placée parmi les *Polypodium* pectinés, à petites formes; elle est très-voisine du *P. apiculatum*, Klotz.; mais absolument distincte du *P. ferrugineum*, Mart. et Galeot., auquel on voudrait la réunir.

** *Type: P. pectinatum*, L.

15. PECTINATUM, L., p. 1545, F., *Crypt. vasc. Brés.*, p. 90; Velloz., *Fl. flumin.*, p. 64. — (Rio-Janeiro à Itatiaia, Glaziou, n° 2290.) — La figure citée de Velloso reproduit exactement ce spécimen. C'est une très-grande plante, attachée aux arbres, et mesurant 1 mètre et plus, sur 11-12 centimètres d'envergure. Les segments sont lancéolés-linéaires, obtus au sommet, un peu contractés à la base, laissant entre eux des sinus de 6-8 millim.; les pétioles sont rougeâtres, un peu déprimés. Le rhizome est gros et chargé d'écailles piliformes noirâtres. Les sporothèces sont légèrement immergés; ils renferment des spores réniformes.

17*. PARADISIASTRUM, F., *Crypt. vasc. Brés.*, p. 90, T. 29, fig. 2. — Le n° 4417, récolté à Alto-Macahe par M. Glaziou, se rattache à cette espèce; mais les sporothèces sont plus distants et un peu plus gros.

18. RECURVATUM, Klfss., *Enum.*, p. 126; F., *Crypt. vasc. Brés.*, p. 91. — (Rio-Janeiro, Glaziou, n° 5291.) — Ce n'est pas de haut en bas, comme il a été

dit, que les segments dirigent leur courbe, mais plutôt de bas en haut; ils sont opposés vers le tiers inférieur de la fronde et portent de chaque côté du mésonèvre 36 à 40 paires de sporothèces légèrement immergés.

3e Type: Polypodium pectinatum, L.

* Grandes formes.

19. OTITES, L., *Sp. pl.*, 1545; F., *Crypt. vasc. Brés.*, p. 91. — (Rio-Janeiro, Glaziou, n° 4416.) — Le caractère donné par Willdenow, *Filic.*, p. 177, celui de segments opposés au centre de la fronde, n'a aucune fixité et les spécimens que nous avons sous les yeux en portent le témoignage.

21. ROBUSTUM, F., *Crypt. vasc. Brés.*, p. 92, T. 28, fig. 1. — (Rio-Janeiro, Petropolis, Glaziou, n° 4415.) — Les segments inférieurs se dégradent brusquement en dimension pour se réduire à des segments avortés, ovoïdes et inclinés de haut en bas.

21 ' MERIDENSE, Klotz., *Linn.*, XX, p. 380; Hook. et Bak., *Syn. filic.*, p. 333; *P. Spixianum*, Mart., *Herb.;* Kze., *teste* Metten., *Polyp.*, p. 57; *P. nidulans*, Beyr., *Herb.* — (Serra os Orgaos, Gardn., n° 128.) — Pétioles grêles, arqués; frondes pinnées, raides, portant inférieurement quelques poils; pinnules linéaires, entières; sporothèces arrondis, marginaux, au nombre de 10 à 15 par pinnule. Pétioles, 15-16 centim.; pinnules, 4-5 centim. de longueur sur 4-5 millim.

** Petites formes.

24'. PECTEN, F., *Gen. filic.*, p. 240; *P. pectinellum*, F., *Icon. nouv.*, p. 61, T. 27, fig. 2. — (Rio-Janeiro, Glaziou, n° 5295.) — Cette espèce a été établie par nous sous ces deux noms en 1840 et en 1854 sur une fougère de Merida (Linden, n° 239). — Elle est élastique, oblongue-lancéolée, courbée, un peu décroissant à la base; les segments sont presque horizontaux, linéaires, obtusiuscules, la fronde se termine par un long appendice fructifère, ce qui la distingue du type. Elle a 15-17 centimètres de long sur une envergure de 2-3 centimètres; les sporanges sont légèrement immergés, d'une couleur presque rouge, qui tranche agréablement avec la nuance verte de la fronde que ne lui enlève pas la dessiccation. Cette espèce est voisine du *P. apiculatum*, Kze., *Mssc.* Sur la lame supérieure se montrent des écailles arrondies, blanchâtres, minces et aplaties.

8

24ª. ACRODONTIUM, F.

> *Frondibus pinnatis, lanceolatis, basi et apice decrescentibus, parce pilosis,*
> *plus minusve curvatis, elasticis, opacis, segmentis linearibus alternis,*
> *inferioribus oppositis, omnibus obtusiusculis; sporotheciis immersis; spo-*
> *rangiis ovoideis, annulo 14 articulato; sporis nigrescentibus polymorphis.*
>
> *Habitat in Brasilia fluminensi.* (Glaziou, n° 4409.)
>
> *Filix apice sterili longe attenuato, serrato, surculo erecto; petiolis rotundis,*
> *pilosis, pilis aureis, patulis vestitis.*
>
> ICON. : *Tab. XCVII, fig. 2.*

(Longueur des frondes, 16-18 centim. sur 12-13 millim. d'envergure; le pétiole est à la lame :: 1 : 3 ou à 4.)

Les caractères distincts de cette espèce sont tirés du sommet des frondes qui s'allonge en une très-longue pointe dentée en scie, dont les dents résultent de la dégradation en dimension des segments pinnulaires; puis, de l'opposition dans le quart inférieur de ces mêmes segments; elle est poilue dans toutes ses parties; l'immersion des sporothèces est notable. La fronde du *P. confluens*, F., espèce voisine, se termine en une pointe coudée entière et stérile.

4ᵉ Type : *Polypodium chnoophorum*, Kze. (espèces pubescentes).

26ª. PILOSUM; F.

> *Frondibus pinnatifidis, usque ad mesonevron partitis, oblongis, universaliter*
> *pilosis, pilis albis, strigillosis, applicatis; laciniis horizontalibus, oblongis,*
> *integris, approximatis, undulatis, apice decrescentibus, inferioribus mino-*
> *ribus deflexis; petiolo brevi; mesonevro angustissimo, tenui, helveolo; rhi-*
> *zomate crasso; sporotheciis superficialibus, satis remotis, rubricosis; spo-*
> *rangiis laxe congestis, ovoideis, annulo 12 articulato; sporis rotundatis,*
> *nigrescentibus.*
>
> *Habitat in Brasilia fluminensi ad montes vulgo dictos Serra os Orgaos.*
> (Glaziou, n° 4412.)
>
> *Filix mollis, translucida, nervillis unifurcatis, ramo inferiori fertili; rhizo-*
> *mate repente, crassitudine pennæ anseris.*
>
> ICON.: *Tab. XCVII, fig. 3.*

(Longueur, 20-22 centim. sur 6 d'envergure; les segments, 3 centim. sur 8 millim. de largeur; le pétiole mesure seulement 3 centim.)

Espèce souple, étalée, à demi transparente, s'amincissant brusquement pour se réduire en lobes arrondis; les segments inférieurs se dirigent vers le bas, d'une manière de plus en plus marquée, jusqu'aux dernières paires, notablement infléchies. Elle est grisâtre, étant desséchée, et de même couleur sur les deux faces.

II. *Frondes pinnées-pinnatifides* (segments dentés).

30. CILIARE et 31 OVALESCENS, F., *Crypt. vasc. Brés.*, p. 94, T. 27, fig. 2 et 3. — Ces deux espèces ne sont séparées que par la division des frondes, pinnatifides dans l'une et pinnées dans l'autre; il faudrait voir un grand nombre de spécimens pour s'assurer de la validité de ces deux formes; en attendant on peut, sans inconvénient, les réunir sous le nom spécifique *ciliare.* Elles ne sauraient se rattacher au *P. cultratum*, Willd., ni à aucune de ses formes.

32. SEMI-ADNATUM, Hook., *Icon. pl.*, T. 948; F., *Crypt. vasc. Brés.*, p. 95. — (Rio-Janeiro, Glaziou, n° 4413.) — Cette espèce doit son nom à cette particularité d'avoir des segments pinnulaires attachés au rachis par une faible portion de leur base. Le sacculus ne porte dans le spécimen cité qu'un ou deux poils noirâtres, fort longs et fort raides.

NB. Le *Polypodium rigescens*, Bory, *in Herb.* Kze.; Metten., *Polypod.*, p. 42, répondrait à un n° 2415 de M. Glaziou que nous n'avons pas sous les yeux, comme variété du *P. moniliforme*, Cavan. La plante de Bory appartient à la flore de l'île de France, et nous n'oserions croire qu'elle existe en réalité au Brésil.

34. ACHILLEÆFOLIUM, Klfss., *Enum. filic.*, p. 116; F., *Crypt. vasc. Brés.*, p. 95. — (Rio-Janeiro, Serra os Orgaos, Glaziou, n° 4407.) — Sporothèces superficiels, 14 articulations à l'anneau, spores gros, lisses, polymorphes. — Cette espèce des plus distinctes se rapproche par le port des *Adenophorus*, de Gaudichaud.

51. PHEGOPTERIS, F., *Gen. filic.*, T. 242, T. 20 *a.*

I. *Frondes pinnées-pinnatifides.*

* *Formes à frondes plus ou moins étroites.*

3. FLAVO-PUNCTATA, Klfss., *Enum.*, p. 108, *sub polypodio;* F., *Crypt. vasc. Brés.*, p. 96. — Cette espèce serait mieux placée dans les espèces à frondes larges.

10². PTEROIDEA, Klotz.; *Linnæa*, XX, p. 389, *sub polypodio;* Metten., *Phegopt.* et
    Aspid., p. 9; *Pteris fallax*, Kze., *Mssc.* — (Rio-Janeiro, Glaziou, n° 2822
    [*ex* Baker], N. V.) — Fronde linéaire, acuminée, très-longue (1 m. 30 centim.
    et plus), membraneuse, presque grimpante, pinnée, lancéolée, pinnatifide
    au sommet; pinnules sous-opposées; stipe et rachis très-grêles; sporothèces
    petits et rapprochés de la marge.

II. *Frondes bi-tripinnées.*

15˙. SPLENDIDA, Klfss., *Enum. filic.*, p. 112, *sub polypodio; F., Crypt. vasc. Brés.*,
    p. 101. — (Rio-Janeiro, à Itatiaia, altitude 2000 mètres; Glaziou, n°s 5379 et
    5385 en 1872.) — Le rhizome est de la grosseur du doigt et abondamment
    couvert d'écailles brunes, étroitement lancéolées et crispées. Les sporothèces
    sont tri-quadrisériaux. — Elle est plus ou moins cartilagineuse, suivant les
    lieux où elle croît.

16˙. CONNEXA, Klfss., *l. c.;* F., *Crypt. vasc. Brés.*, p. 101. — (Rio-Janeiro, Gla-
    ziou, n° 5299.) — Consistance cartilagineuse; elle n'a qu'une seule double
    rangée de sporothèces.

18². CAMPTOCAULON, F.
    *Frondibus diffusis, amplissimis, patulis, bipinnato-pinnatifidis, pendulis,
    heteromorphis, rachibus helveolis, basi rufescentibus, flexuosis, sinuosis;
    pinnula primaria pinnato-pinnatifida, rachi sulcato, basi lana flavidula
    vestito, ad apicem attenuato, frondulis lanceolatis, petiolatis acuminatissimis,
    aliis reflexis, aliis horizontalibus, superioribus assurgentibus, pinnatifidis
    seu pinnato-pinnatifidis, segmentis integerrimis aut crenatis, sessilibus aut
    breve petiolatis, pilosulis, ad marginem breve ciliatis; sporotheciis uni seu
    biserialibus, rubescentibus, sporangiis laxe approximatis, annulo 14-16
    articulato, sporis rotundis, papillatis, nigrescentibus.*
        Habitat in Brasilia fluminensi ad Itatiaia. (Glaziou, n° 4668.)
    Filix diffusa, heteroclita, amplissima, basi rachium lana fulva vestita.
    ICON. : *Tab. XCVIII, fig. 1.*

Nous n'avons pas la plante entière; mais une frondule primaire qui mesure seule
66 centimètres, la correspondante devant avoir la même dimension donnerait une
envergure de plus de 1 mètre 30 centim.; les frondules de deuxième ordre

sont au nombre de 15 paires, courbes, tantôt dirigées de bas en haut et tantôt de haut en bas; les plus longues mesurent 14-15 centim.; le pétiole primaire est un peu déprimé et porte, dans le sillon qui le parcourt, une ligne noirâtre.

Cette espèce est des plus curieuses et toutes ses parties sont dissimilaires; la forme générale des frondes, le nombre des rangées de sporothèces sur les segments tantôt entiers et tantôt crénelés, la direction des pinnules, tout est disharmonique. Le seul caractère spécifique d'après lequel il faut conclure est le port et l'extrémité des frondes, courbées fortement en zigzag. Nous avons décrit, sous le nom d'*Aspidium flexuosum* (*Crypt. vasc. Brés.*, p. 45, T. 46, fig. 2), une fougère ayant le même port.

24². HIRSUTA, Baker, *Polypod.*, p. 503, T. 64, fig. 1. — Pétioles fasciculés, abondamment couverts de poils étalés, laineux, d'un brun jaunâtre; frondes lancéolées, pyramidales, tripinnées, avec de longs poils brillants; pinnules au nombre de 15-20 paires, courtement pétiolées, les inférieures plus grandes; sporothèces assez petits, occupant le centre des segments fructifères; la souche est chargée de très-longs poils dressés, linéaires, articulés. Elle est signalée à Ouro Preto, province des Mines, par Freyreiss. Langsdorff et Martius l'ont aussi connue. Ce serait, suivant M. Baker (*l. c.*), le *Ph. lasiernos* de Mettenius, *Phegopt.* et *Aspidiées*, p. 28.

27*. DIVERGENS, Sw., *Syn. filic.*, p. 73, *sub polypodio;* F., *Crypt. vasc. Brés.*, p. 104. — (Rio-Janeiro, Glaziou, n° 5276.) — Cette espèce n'a point été figurée; c'est l'une des plus divisées du genre et même du groupe des Polypodiées.

52. GONIOPTERIS, Presl., *Tent. pterid.*, p. 181.

5. HASTATA, F., *Crypt. vasc. Brés.*, p. 107, T. 33, fig. 2. — Ce nom spécifique doit être changé en celui de *Bahiensis*, du lieu où elle a été récoltée. Nous avions déjà créé une espèce sous le nom de *hastata* (*Histoire des fougères des Antilles*, p. 65, T. 18, fig. 2), et l'une et l'autre sont distinctes.

NB. Ce genre qui ne diffère des *Phegopteris* que par l'union des nervilles basilaires, a cependant des espèces dont le port est très-spécial; quelques-unes portent des poils sur le sacculus, comme certains *Polypodium* trichomanoïdes. La Guadeloupe est très-riche en *Goniopteris* et nous en avons décrit ou figuré 17 espèces qui en proviennent. Voici les particularités spécifiques présentées par quelques-

unes d'entre elles : *G. hastata*, sacculus avec de longs poils simples et articulés ;
G. leptocladia, sacculus avec des poils bifurqués et des frondes portant des poils
étoilés ; *G. pyramidata*, pédicelle des sporanges portant un poil unique ; *G. quadran-*
gularis, sacculus glabre, trois paires de nervilles conniventes ; *G. Guadalupensis*,
sacculus avec de nombreux poils courts, frondes s'élevant à plus d'un mètre, poils
étoilés ; *G. rostrata*, poils articulés sur le sacculus, sommet des frondes hasté.
M. Baker réunit sous le nom de *diversifolium* toutes ces espèces, quoiqu'elles soient
pour nous non-seulement différentes de forme, de port, de consistance, de taille,
etc., mais encore qu'elles aient en elles des particularités organiques spéciales.

53. GONIOPHLEBIUM, Presl., Tent. pterid., p. 186.

* Polylépidées (POLYPODIASTRUM).

5. HIRSUTISSIMUM, F., *Crypt. vasc. Brés.*, p. 108. — (Rio-Janeiro, Glaziou, aux
    Orgaos, n° 3585, Rio-Janeiro, sans autre indication, n°ˢ 3418 et 5293.) —
    Elle a le port des *Polypodium*, section des *P. vulgaris*. C'est l'une des fou-
    gères les plus richement vêtues qui existent, étant couverte très-abondam-
    ment d'écailles qui diffèrent de forme suivant leur situation ; celles qui
    entourent les sporothèces sont peltées, avec un très-long poil qui les termine ;
    elles formènt un faux involucre et l'on a pu croire qu'il en existait un véri-
    table ; c'est ainsi que Sprengel en a pu faire un *Cyathea vestita ;* il faut y
    regarder de près pour s'assurer de la vérité.

** Oligolépidées.

A. Frondes pinnatifides.

9. LATIPES, J. Sm., *Bot. mag.*, 1846 ; F., *Crypt. vasc. Brés.*, p. 108. — (Rio-
    Janeiro, n° 5285 à Itatiaia, n°ˢ 5286, 5288 au Corcovado, et 5387, en 1872,
    sans autre indication.) — Elle est molle, transparente, à nervilles extrême-
    ment déliées ; les écailles du rhizome sont presque orbiculaires et leur réseau
    est extrêmement robuste. — Cette plante varie par ses dimensions, par sa
    consistance, par sa transparence et par ses rangées de sporothèces uni- ou
    bisériales.

10. LÆTUM, Radd., *sub polypodio, Fil. Bras.*, p. 19, T. 28 ; F., *Crypt. vasc. Brés.*,
    p. 109. — (Rio-Janeiro, à Saint-Louis, Glaziou, n° 4419, et Alto-Macahe,

n° 4420.) — Frondes glabres, translucides; nervilles déliées, flexueuses; segments souvent opposés, gibbeux du côté supérieur, acuminés, opposés dans la moitié inférieure de la fronde; écailles du rhizome épaisses, laissant voir leur réseau à une forte loupe. Dans les spécimens cités les sporothèces sont rarement bisériaux.

14. GRAMMATOIDES, F., *Crypt. vasc. Brés.*, p. 110, T. 34, fig. 2. — La nervation et la forme grammatoïde des sporothèces sont les principaux caractères qui la distinguent des espèces précédentes.

14¹. DEMISSUM, F.

Frondibus pinnatifidis, usque ad mesonevron divisis, glabris, nervillis omnibus apice translucidis, petiolo glabro, tenui, stramineo; segmentis approximatis oblongis, obtusis, mucronulatis aut muticis, demissis, basi leviter contractis; sporotheciis 9-11 biserialibus, crassis, apicem non attingentibus; sporangiis rotundis, longo pedicello donatis, annulo crassissimo, 12 articulato, sporis magnis, lutescentibus, leviter reniformibus lævibusque.

Habitat in Brasilia fluminensi. (Glaziou.)

Filix aspectu Polypodii vulgaris, sed nervillis anastomosantibus, nervillis apice translucidis et segmentis omnibus demissis notata.

(Dimensions du *Polypodium vulgare.*)

Cette espèce, récoltée le 7 août 1872 sur le pic de la forteresse de Santa-Cruz, sera facile à reconnaître à ses segments, tous fortement inclinés vers le bas de la fronde. Le rhizome est gros et très-chargé d'écailles cancellaires, circonstance également caractéristique.

B. *Frondes pinnées.*

15. MENISCIFOLIUM, Langsd. et Fisch., *Icon filic.*, p. 11, T. 12, *sub polypodio;* F., *Crypt. vasc. Brés.*, p. 110. — (Rio-Janeiro, Praia-Grande, n° 5287, Glaziou, et 5289 par le même, sans autre indication.) — Les sporanges sont très-rapprochés, bisériaux et rubescents; ils déterminent sur la lame supérieure une légère boursouflure au centre de laquelle se montre un petit point proéminent rougeâtre. Les frondes adhèrent au rachis par une très-large surface qui leur donne souvent une apparence pinnatifide et non plus pinnée.

18. DISSIMILE, L., *Sp. pl.*, 1549, *sub polypodio;* F., *Crypt. vasc. Brés.*, p. 111. —
(Rio-Janeiro, vallée de Bomfim, Glaziou, n° 4422?) — Ce spécimen, supérieur en taille à ses congénères, mesure 1 mètre 10 centim. dont le pétiole
fait environ le tiers. Les sporothèces tachent la lame supérieure en noir; au
centre de cette petite tache se trouve une plaque très-mince de carbonate
de chaux; je compte au delà de 30 paires de pinnules, elles sont dressées,
arquées et acuminées; les nervilles sont méniscioïdes et faciles à voir.

19. ALBO-PUNCTATUM, J. Sm., *Bot. mag.*, 1846, comp. 12; F., *Crypt. vasc. Brés.*,
p. 111. — (Rio-Janeiro, Glaziou, n° 5397.) — Les points blancs qui ont fait
donner à cette plante le nom spécifique qui la distingue sont dus à une
sécrétion de carbonate de chaux à laquelle sont soumises un assez grand
nombre de fougères.

22. ELATIUS, Th. Moore, *Ind.*, p. 389; *Crypt. vasc. Brés.*, p. 112. — (Rio-Janeiro,
Glaziou, n° 5292? spécimen tronqué.) — Gros rhizome écailleux, écailles
fauves, lancéolées, pointues; pétiole noirâtre, raide, déprimé; frondules
opaques, presque linéaires, amincies en pétiole, acuminées; lame supérieure
poilue, poils blanchâtres, couchés; sporothèces unisériaux, au nombre de
plus de 40 paires; l'anneau porte 40 articulations; les spores sont sous-réni-
formes, nus, jaunâtres et translucides.

54. CAMPYLONEVRON, Presl., *Tent. pterid.*, p. 189.

** Frondes simples.*

B. *Nervation à deux courbes émettant une droite fructifère.*

4. LUCIDUM, Th. Moor., *Ind.*, p. 225; F., *Crypt. vasc. Brés.*, p. 114. — (Rio-Janeiro,
Glaziou, n° 4666.) — Cette plante a une teinte jaunâtre très-prononcée; sa
longueur totale est de 32-34 centim. sur 16-17 millim. de largeur, le pétiole
est ailé par décurrence de la base des frondes qui sont notablement et
irrégulièrement ridées sur leurs deux surfaces.

C. *Nervation à cinq ou six courbes.*

7. REPENS, Presl., *l. c.*, p. 190; F., *Crypt. vasc. Brés.*, p. 115. — (Rio-Janeiro,
Alto-Macahe, Glaziou, n°ˢ 4427 et 4428, sans autre indication.) — Le rhizome ne dépasse pas la grosseur d'une plume de pigeon; il se charge de

radicelles atteignant parfois jusqu'à 40 centim. de longueur. Le n° 4427 porte jusqu'à 6 courbes et même, exceptionnellement, 7. — Plante flexible, transparente, à marge ondulée.

D. *Nervation à cinq ou six courbes.*

9. PHYLLITIDIS, Presl., *l. c.*, p. 190; F., *Crypt. vasc. Brés.*, p. 115. — (Rio-Janeiro, Glaziou, nᵒˢ 4425, 4664 et 5284.) — Cette espèce laisse voir ses nervilles par transparence; elles sont quelquefois pellucides à leur sommet.

G. *Nervation à dix ou douze courbes.*

13. LATUM, Th. Moor., *Ind.*, p. 225; F., *Crypt. vasc. Brés.*, p. 116. — (Rio-Janeiro, Glaziou, n° 4429.) — Très-grande espèce pouvant atteindre un mètre sur 7 centim. de largeur; elle est papyracée, transparente; les nervilles constituent 10-12 courbes, surmontées de deux droites; les lames transparentes sont décurrentes sur le pétiole qui est ailé dans toute son étendue. En voyant la faible grosseur du rhizome, on s'étonne de la dimension des frondes qu'il supporte.

NB. Nous sommes persuadé plus que jamais de l'impossibilité de trouver pour ce genre un caractère spécifique ailleurs que dans le nombre des courbes. La nervation est la charpente de la fronde, et en quelque sorte son squelette; le secours qu'on peut en tirer pour la distinction des espèces ne saurait rien avoir de vague ou d'incertain.

55. CRASPEDARIA, Lk., *Spec. filic.*, p. 117.

2. AURISETA, Radd., *Filic. Bras.*, p. 12, T. 23, fig. 1, *sub polypodio;* F., *Crypt. vasc. Brés.*, p. 118. — (Rio-Janeiro, Glaziou, n° 5281.) — Elle forme sur les vieux troncs des touffes inextricables. Les frondes fertiles cachent les sporothèces sous une épaisse couche d'écailles piliformes, dorées; les rhizomes s'étendent en serpentant au loin; ils sont filiformes.

† 4¹. CAMPTOCARPA, F.

Frondibus dissimilaribus, sterilibus ovoideis, acutis, basi leviter cordatis, breve petiolatis, pilis squamosis ample vestitis; fertilibus oblongis, pilis rufis, longissimis obsitis, apice ad basim deflexis, tunc aspectu similibus annulis; sporotheciis subconfluentibus; sporangiis crassis, annulo 30-36 articu-

*lato; sporis crassissimis, ovoideis, opacis, papillatis, papillis rotundis, per-
facile labentibus.*

   Habitat in Brasilia fluminensi. (Tijuca, Glaziou, n° 5280.)

*Filix parvula, rhizomate filiformi, radiculas numerosas emittente; frondibus
fertilibus curvatis notata.*

Icon. : *Tab. XCVIII, fig. 1.*

(Frondes stériles, 9-10 millim. sur 7 millim. de largeur; les fertiles un peu plus longues, ainsi
que le pétiole.)

Dans cette curieuse espèce, couverte dans toutes ses parties de poils roux, plus
ou moins longs, linéaires, à marge entière ou dentée, les frondes sont attachées
sur un rhizome filiforme, portant d'espace en espace de courtes radicelles, flexueuses
et noirâtres; le caractère spécifique le plus saillant consiste dans la courbure normale de toutes les frondes fertiles, dont le sommet se recourbe vers le pétiole, ne
laissant voir qu'une très-petite ouverture annulaire. Ce fait qui n'existe point
ailleurs est exprimé par le nom spécifique *camptocarpa*, fruit recourbé.

7. CRISPATA, F., *Crypt. vasc. Brés.*, p. 119, T. 36, fig. 2. — (Rio-Janeiro, Gla-
    ziou, n°ˢ 4423, 5282 à Gavia, et 5283 à Itatiaia.) — Elle varie par des frondes
    stériles plus ou moins obtuses; le rhizome est rameux.

8. GRANDIS, F., *Crypt. vasc. Brés.*, p. 119, T. 37, fig. 2. — (Rio-Janeiro, Glaziou,
    n° 4424.) — Peut-être cette plante serait-elle mieux placée dans les *Drynaria*
    à côté des *D. iteophylla, lycopodioides et serpens.* La dissimilitude des frondes
    fertiles et stériles n'existe que dans les proportions et non dans la forme. La
    nervation est très-élégante.

NB. Le *Craspedaria serpens*, Sw., *sub polypodio*, est une fougère de la flore des
Antilles, qui aurait été trouvée à Rio-Janeiro par Sello; elle est encore mal définie
spécifiquement.

57. DRYNARIA, Bory, *Dict. class.*, art. *Polypodium.*

1. PERCUSSA, Cav., *sub polypodio*; F., *Crypt. vasc. Brés.*, p. 120. — Rio-Janeiro,
    à la Pedra Bonita, Glaziou, n° 5278, au Corcovado, n° 4665; un n° 5277
    recueilli à Tijuca est une très-notable variété *Caudata*, à forme oblongue et
    non linéaire; la fronde se termine par une très-longue pointe linéaire, très-
    effilée au sommet, mesurant 5-7 centim. sur une fronde de 40 centim. de
    hauteur et 5-6 de largeur.

1**. EXUL, Metten. *ex* Kuhn, *Linn.*, XXXVI, p. 138. — (Campos et Victoria, prov. Spiritu Sancto, Sello.) — Souches rampantes; frondes simples, presque entières, oblongues-lancéolées, à peine péliolées, nues sur les deux faces; aréoles immergées, appendiculées; sporothèces arrondis, superficiels, 6-7 par série, situés entre le mésonèvre et la marge (Baker). N. V.

4. LEPIDOTA, Schlecht., *Adumbr.*, p. 17, T. 8; F., *Crypt. vasc. Brés.*, p. 121. — (Rio-Janeiro à Itatiaia, Glaziou, n°5279.) — Quelques botanistes ont conservé à cette espèce le nom spécifique de *macrocarpa,* et il est des plus mérités; les sporothèces sont au nombre des plus gros qui existent dans les polypodiées et nous en avons vu qui mesurent jusqu'à 7 et 8 millim. de diamètre. Nous recevons un spécimen sous le n° 5398 de forme plus petite.

5**. LINDBERGII, Metten., *Mssc.;* Hook. et Bauer, *Syn. filic.*, p. 358. — (Minas Geraes, arboricole, forêts vierges, Lindberg, n° 576, Lagoa Sancta; même localité, par Warming.) — Rhizome longuement rampant, frondes simples, sessiles, allongées, lancéolées, entières, papyracées, couvertes, surtout près du mésonèvre, de petites écailles linéaires; nervilles grêles, immergées; aréoles appendiculées; sporothèces unisériaux, plus rapprochés du mésonèvre que de la marge, superficiels et au nombre de 20-30 par série (Baker). N. V.

6. ITEOPHYLLA, F., *Crypt. vasc. Brés.*, p. 121. — (Rio-Janeiro, Glaziou, n°ˢ 4426 et 4663.) — Les tiges sont ligneuses, un peu déprimées, chargées d'écailles fauves, appliquées et caduques, on voit sur leur trajet des gemmes globuleux; les frondes jaunissent par la dessiccation; les sporothèces sont profondément immergés et boursouflent la lame supérieure à leur point de développement. Le nom spécifique est destiné à consacrer la ressemblance des frondes avec la feuille du saule.

ICON. : *Tab. XCV, fig. 4.*

59. HETEROPTERIS, F., *Crypt. vasc. Brés.*, p. 123.

1. DORYOPTERIS, F., *l. c.*, T. 10, fig. 2. — (Rio-Janeiro, Glaziou, n° 4388.) — La marge des frondes est dentée et à dents irrégulières; quelquefois même presque déchirée; elle ne se réfléchit pas sur les sporothèces.

XVII. CYCLODIÉES.

60. POLYSTICHUM, Roth., *Tentam. Fl. german.*, III, p. 69 (reduct.).

I. *EUPOLYSTICHUM.*

§ 1. *Mutiques* (TECTARIA, Cavan.).

1. CORIACEUM, Schott., 2ᵉ *Fasc.*, T. 4; F., *Crypt. vasc. Brés.*, p. 124. — (Rio-Janeiro, à Itatiaia, Glaziou, n° 5275.) — Plante vigoureuse, extrêmement féconde; sporothèces souvent confluents et couvrant la fronde de grandes plaques brunâtres, les indusium sont des plus caducs et les spores en nombre immense, papilleux et noirâtres.

† 2². QUADRANGULARE, F.

> *Frondibus bipinnatis, in ambitu oblongis, apice obtusiusculis, crassis, opacis, glabris, petiolo rachique quadrangularibus, squamosissimis, squamis rufis, lanceolatis, longe acuminatis; frondulis oblongis, apice obtusiusculis, inferioribus suboppositis, lobulis ellipticis, crenatis; sporotheciis approximatis, 4-8 per scriem, sed non confluentibus, indusio persistente; sporangiis rotundis, annulo 16 articulato; sporis atris, papillatis, reniformibus curvatisque.*

> *Habitat in Brasilia fluminensi, ad scaturigines rivi vulgo dicti Rio Soberbo, intra surculos graminarum.* (Glaziou, n° 4430.)

> *Filix elegans, rigida, stipite quadrangulari, squamis rufis obsita, rigida, crassa et opaca; frondulis inferioribus conformibus.*

ICON. : *Tab. XCIX, fig. 1.*

(Longueur des frondes, 89-95 centim.; frondules centrales, 9-11 centim., les fructifères un peu plus petites; les lobules mesurent à la base 2 à 5 centim. sur 5 millim. de largeur.)

Cette espèce est caractérisée par des pétioles et des rachis quadrangulaires, ou plutôt aplatis, abondamment couverts d'écailles rousses, lancéolées et longuement acuminées. Les lobules sont glabres sur les deux faces, de consistance raide, opaques, obtus et très-élégamment crénelés. On trouve dans le pétiole plusieurs faisceaux vasculaires inégalement ponctiformes.

§ 2. Aristées.

† 4ᵃ. ROCHALEANUM, Glaz., *in litter.*

> *Frondibus bipinnatis, glabris, longe acuminatis, lanceolatis, petiolo longo,*
> *flexuoso, depresso, late canaliculato, squamis biformibus, sublinearibus*
> *aut ample ovalibus, fuscescentibus; frondulis primariis breviusculis, lan-*
> *ceolatis, assurgentibus, curvatis, apice obtusis, lobulis subrotundis, basi*
> *cuneatis, marginibus undulato-dentatis, dentibus brevissime aculeatis; spo-*
> *rotheciis 4-6 per seriem, rufescentibus; indusio crasso perfacile caduco;*
> *sporangiis oblongis, annulo lato, 16 articulato; sporis irregulariter ro-*
> *tundis, papillatis.*
>
> *Habitat in Brasilia fluminensi ad Itatiaia, altitudo 2200ᵐ. (Glaziou,*
> n° 5272.)

Filix aspectu ad species Europæanas tendens.

Icon. : *Tab. XCIX, fig. 2.*

(Longueur des frondes, 36-40; des frondules, 4-5 centim.; des lobules, 6-7 millim.; les pétioles égalent les frondes.)

Les frondules sont très-rapprochées les unes des autres; le sommet des frondes, très-allongé, n'est que simplement pinnatifide; les dernières frondules sont un peu plus petites que les autres; toutes sont courbes et dressées; le pétiole est largement sillonné dans toute sa longueur; le rachis porte quelques écailles; le rhizome est couvert de larges écailles ovoïdes, très-brunes et comme charbonnées. Les faisceaux vasculaires sont ponctiformes et unisériaux.

II. PHEGOPTEROIDES.

5. LANOSUM, F., *Crypt. vasc. Brés.*, p. 126. — (Rio-Janeiro, Glaziou, n° 4467, et par le même à Thérésopolis, n° 4667.) — Au moyen des auricules, large-ment développées, les sporothèces ont une apparence bisériale; les lobes sont amplement développés et d'un beau vert après dessiccation. Les écailles des pétioles sont très-larges et d'une belle couleur dorée.

8. GIGANTEUM, F., *l. c.*, p. 127, T. 38, fig. 2. — (Rio-Janeiro, Glaziou, n° 5274.) — Malgré le nom spécifique donné, il est des espèces qui rivalisent de lon-gueur avec elle; les écailles de la base des pétioles sont rubanées, étroites et crispées.

10. PLATYLEPIS, F., *l. c.*, p. 129, T. 40, fig. 1. — (Rio-Janeiro, Glaziou, n° 5273.)
— Le pétiole est un peu tordu et fortement sillonné, il atteint la grosseur du
doigt d'un enfant et porte à la base des écailles largement ovoïdes, luisantes,
ayant plus de 2 centim. de longueur sur 4 millim. de largeur.

60². PHANEROPHLEBIA, Presl., *Emend.;* F.; *Gen. filic.*, p. 281, T. XXII B, fig. 2.

Sporothèces orbiculaires, bisériaux; indusium pelté; frondes pinnées, nervilles
dichotomes, atteignant la marge et donnant lieu à des dents raides et courtes. —
Genre mexicain.

†1. AURITA, F.
Frondibus pinnatis, oblongis, apice decrescentibus, subopacis, petiolo longiculo,
ad basim squamas latas, fuscas, ovatas, ferente, rachi squamoso, squamis
lutescentibus, acuminatis angustioribusque; frondulis lanceolatis, leviter
furcatis, apice auricula magna, aliquando soluta, instructo; sporotheciis
centralibus, subbiserialibus; indusiis delapsis; sporangiis rotundis, annulo
14 articulato; sporis crassis, rotundatis, nigrescentibus.
Habitat in Brasilia fluminensi ad scaturigines riparum fluvii vulgo dicti
Rio Soberbo. (Glaziou, n° 4431.)
Filix statura mediocri, marginibus crenatis, crenis sœpe breviter apice aculea-
tis; nervillis liberis.
Icon.: *Tab. C, fig. 1.*

(Longueur, 65 centim. sur 14 d'envergure moyenne; les frondules mesurent 8 centim. sur
10-12 millim. de largeur.)

L'auricule des frondules est dressée, très-grande, nettement dessinée avec une
très-petite arête; elle tend à s'isoler de son attache et se termine par un petit
mucron raide et délié; elle est facile à reconnaître.

60³. HEMICARDION, F., *Gen. filic.*, p. 282, T. 22 B, fig. 1.

1. NEPHROLEPIS, F., *l. c.; Aspidium semicordatum*, Sw., *Syn. filic.*, p. 45; Willd.,
Filic., p. 222. — (Haut-Amazone, à l'embouchure du Solimoës dans le fleuve
Amazone, Spruce, n° 1610, et par Martius, dans la province de Para.) — Cette
fougère, dont la patrie est assez étendue, est remarquable par la base des
frondules, qui est auriculée et comme semi-cordée; le lobule supérieur s'ap-

plique sur le rachis, mais non si complétement qu'il ne laisse libre une portion de cette base qui détermine sur la totalité des frondes une sorte d'ouverture arrondie, il en résulte un aspect singulier que l'on retrouve dans
toutes les espèces.

60'. CYCLODIUM, Presl., Tentam. pterid., p. 85.

1. MENISCIOIDES, Presl., l. c., p. 85, T. 2, fig. 20, conditio nervationis. — (Indiquée
dans le Brésil méridional et central, dans le Para, le Piauhy, à Bahia.) —
Très-grande fougère à nervilles anastomosées, aréoles non appendiculées; elle
est pinnée, coriace et grossièrement dentée. Les sporothèces sont bisériaux.
(N. V. ex Brasilia.)

XVIII. ASPIDIÉES.

63. ASPIDIUM, Sw., Syn. filic., p. 51, emend.

* Indusium glabre (frondes pinnées-pinnatifides).

1. RIVULORUM, Radd., Filic. Bras., p. 23, T. 35, non Kze.; F., Crypt. vasc. Brés.,
p. 131. — (Rio-Janeiro, Glaziou, n° 5259.) — Forme plus dilatée que le
spécimen figuré par Raddi dans la planche citée plus haut. Elle appartient aux
espèces dont les frondes se dégradent en dimension vers le bas, pour ne laisser
sur le pétiole que des rudiments informes de frondes. La souche est dressée.

† 4'. PLATYRACHIS, F.

Frondibus elatis, pinnato-pinnatifidis, glabris, pellucidis, petiolo crasso, per-
facile depresso, junciformi, helveolo, rachi planiculo, pilos breves vestito;
pinnellis patulis, lanceolatis, sessilibus, apice longe serratis, mesonevro
superne canaliculato, hirto, segmentis oblongis, subciliatis, costam non
attingentibus, sporotheciis centralibus, 5-6 per seriem, cum aliquis squamis immixtis; indusio glabrescente; sporangiis rotundatis, annulo 14 articulato; sporis globosis, fuscis, papillatis, in juventute lutescentibus.

Habitat in Brasilia fluminensi, ad Itatiaia. (Glaziou, n° 5261.)

Filix maxima, lanceolata; petiolo rachique flaccidis notata.

ICON.: Tab. C, fig. 2.

(Longueur, 1 mètre 80 centim.; pinnules centrales, 17-18 centim. sur 16-17 millim. de largeur; le pétiole est de la grosseur d'une plume de cygne.)

Très-belle espèce, qui rivalise en dimensions avec les plus grandes feuilles de nos plantes herbacées; elle est remarquable par ses pétioles lisses ainsi que par ses rachis, très-riches en tissu cellulaire, très-mou et qui se dessèche facilement pour laisser l'intérieur fistuleux; le pétiole, notamment, ressemble à des tiges de gros *scirpus* desséchés; il ne résiste pas à la compression.

12. PARALLELOGRAMMUM, Kze., *Linn.*, XIII, p. 146; F., *Crypt. vasc. Brés.*, p. 135. — (Rio-Janeiro, Glaziou, nᵒ 4432.) — Ce n'est pas là l'*A. Filix-mas.*, L., d'Europe; les frondules sont alternes vers le haut seulement et très-exactement opposées dans le reste de la fronde; les segments eux-mêmes ont cette disposition; les rachis et les pétioles sont très-abondamment chargés de belles écailles lancéolées, acuminées, d'un rouge pâle; elles donnent à la plante une très-belle apparence, rehaussée par les sporothèces, très-régulièrement ordonnés et d'un rouge de brique très-intense.

** Indusium villeux.

31. PATENS, Radd., *Filic. Bras.*, p. 32, T. 48; F., *Crypt. vasc. Brés.*, p. 143. — (Rio-Janeiro, Glaziou, nᵒ 4669.) — Les sporothèces sont marginaux et n'atteignent pas le sommet du segment; les frondules sessiles portent à la base des segments parfois pinnatifides.

32. CONSPERSUM, Schrad., *Gœtt. Gel. Anz.*, 1864, p. 869; F., *Crypt. vasc. Brés.*, p. 143. — (Rio-Janeiro, Glaziou, nᵒ 5263?) — Elle est légèrement velue et l'indusium consiste en un petit pénicille de poils blancs, dressés; nous ne la possédons pas entière.

†39². TIJUCENSE, F.

Frondibus pinnato-pinnatifidis, oblongis; petiolo rachique rufis, canaliculatis, squamas lineares ferentibus, pinnellis oblongis, infimis majoribus, petiolatis, segmentis inferioribus minoribus, superioribus basi truncatis, omnibus pilosulis; segmentis oblongis, obtusissimis, leviter curvatis, conniventibus, margine parce ciliatis, nervillis simplicibus, marginem attingentibus; sporotheciis parvis, centralibus; indusio glabro, parvulo; sporangiis rotundis parvis, pedicello crasso, noduloso; annulo 12-14 articulato; sporis fuscis, subreniformibus, papillosis, papillis crassis.

Habitat in Brasilia fluminensi. (Glaziou, nᵒ 5262.) [Itatiaia.]

Filix glabrescens, flexibilis, pellucida, nervillis simplicibus; rachi superne tomentoso; sporotheciis punctiformibus.

Icon.: *Tab. CII.*

(Longueur, 75 centim.; pinnules inférieures, 16-18 centim. sur 4 de largeur.)

Cette plante conserve la couleur verte après dessiccation; elle est assez délicate, souple et transparente; les segments n'atteignent pas le mésonèvre; il est digne de remarque de trouver la base des frondules supérieures tronquée, tandis que chez les inférieures elle se termine par réduction des segments, ce qui influe sur la forme, les unes étant lancéolées et les dernières óbovées.

41*². PUBESCENS, Radd., *Fil. Bras.*, p. 23, T. 34, *sub polypodio.* — (Rio-Janeiro, Glaziou, n° 4434, à la source du Rio-Soberbo, sommet des Orgues.) — Cette espèce a un aspect européen; les frondules inférieures se dégradent de forme; les sporothèces sont marginaux; l'indusium est très-difficile à voir. Cette espèce mesure de 40 à 45 centim. dont le pétiole fait le tiers; les frondules atteignent à peine 7 centim. de longueur sur 15 millim. de largeur.

*** *Indusium difficile à constater.*

41*³. ERIOSORUS, F.

Frondibus pinnato-pinnatifidis, ambitu lanceolatis, longe petiolatis, decrescenti-bus, pilosis, pilis brevibus hirtis; petiolo longissimo, sulcato, nudo, inferne fusco, superne helveolo, rachi quadrangulari ad apicem attenuato; frondulis pinnatifidis, lanceolatis, sessilibus, acuminatis, patulis, imis minoribus, nunquam deformibus, aliquandoque oppositis, segmentis obtusis, margine ciliatis, siccitate sæpe inflexis; nervillis simplicibus, sporotheciis circa marginem evolventibus, penicillum pilorum ad instar indusii sporangias vestiens; sporis atris subreniformibus.

Habitat in Brasilia fluminensi. (Glaziou, nᵒˢ 5264 et 5265.)

Filix elata, cinerea, petiolo depresso, sulcato et rachibus quadrangularibus.

Icon.: *Tab. CI.*

(Longueur, 1 mètre, dont le pétiole fait la moitié; envergure au centre, 10-12 centim.; seg-ments, au nombre d'une trentaine, 9-10 millim., séparés par un entre-nœud de 2 centim. environ.)

10

Les pinnules sont ouvertes presque à angle droit, lancéolées, sessiles, acuminées, multipartites, velues, conservant leurs dimensions et ne se dégradant nullement comme dans l'*A. rivulorum*, de Raddi, auquel ressemble notre plante; cependant on trouve sur le pétiole et très-distancés, deux ou trois rudiments de pinnules; le petit pénicille de poils qui tient lieu d'indusium (?) n'est point indiqué dans la plante de Raddi, non plus que la forme quadrangulaire du rachis, dans sa partie supérieure.

****** *Frondes décomposées*.**

42. GRACILIPES, F., *Crypt. vasc. Brés.*, p. 146, T. 49, fig. 2. — (Rio-Janeiro, à Itatiaia, Glaziou, n°s 4436, 5268, 5269, 5270.) — Cette espèce est fort élégante; les derniers segments sont dentés et la dent se prolonge en une courte arête. Nous avons constaté la présence de l'indusium dans les n°s 4436 et 5270; les n°s 5268 et 5269 ne nous ont point dévoilé le leur; le n° 5270 a des segments plus élargis et le n° 5268, au contraire, en a de fort rétrécis, circonstance qui en fait une variété, *strigosa*. — Il paraît que cette fougère est assez commune au Brésil.

44. DENTICULATUM, Sw., *Syn. filic.*, p. 57; F., *Crypt. vasc. Brés.*, p. 147. — Cette espèce très-voisine de l'*A. gracilipes*, F., n'en est peut-être même qu'une simple forme.

NB. Ce genre donne lieu aux observations suivantes, déduites du dernier ouvrage de M. Baker (*Polypodiaceæ Brasilianæ*).

Espèce 3, n° 2364. A. HELVEOLUM, F. Ce numéro a été rapporté à l'*A. oligocarpon* de Willd. (*Fil.*, p. 201), duquel il est dit: *laciniis... ciliatis... venis hirtis*, tandis que l'*A. helveolum*, F., *l. c.*, p. 132, T. 42, fig. 2, qui est aussi notre n° 2364, est glabre dans toutes ses parties.

Espèce 10, n°s 390 et 2367. A. TENERRIMUM, F. Ces numéros sont devenus pour nous l'*A. tenerrimum*, *l. c.*, p. 134, et pour M. Baker l'*A. Sprengelii*. On trouve dans la synonymie notre *A. Rivoirei* (*oochlamys*) qui ne peut en aucune sorte y figurer; dimensions, port, nature des tissus, tout est différent.

Espèce 16, n° 2369. A. ERIOCAULON, F. Se rapporte à notre *A. eriocaulon, l. c.*, p. 136, décrit plus tard par M. Baker, *Polyp.*, p. 473, sous le nom d'*A. ramentaceum, sub lastrea.*

Espèce 17, n°ˢ 963, 1680, 2370. A. AMAUROLEPIS, F., *l. c.*, p. 137, T. 44, fig. 2, serait l'*A. Caripense*, Hook., *sub nephrodio;* le *Polypodium submarginale*, Langsd. et Fisch., *Fil.*, T. 13. — La figure que nous avons donnée reproduit une plante différente de celle citée de Langsdorff et Fischer, *l. c.*

Espèce 19, n° 2359. A. NEPHRODIOIDES, F., *l. c.*, p. 138, T. 46, fig. 1. *A. patens*, Sw., *Syn. filic.*, p. 49; forme plus étroite et moins étalée.

Espèce 21, n° 2458. A. FLEXUOSUM, F., *l. c.*, p. 138, T. 46, fig. 2. *Nephrodium flexuosum.* Baker, *l. c.*, p. 483.

Espèce 22, n° 2393. A. BIFORME, F., *l. c.*, p. 139, notre espèce qui est seulement bipinnée, ne saurait être l'*A. amplissimum*, Baker, lequel est 4-5 fois pinnatifide.

Espèce 26, n° 1782. A. PHÆOCHLAMYS, F., *l. c.*, p. 140, T. 47, fig. 2. — Cette espèce très-distincte ne saurait être rapprochée ni de l'*A. amplissimum*, Baker., ni de l'*A. latissimum*, F.

Espèce 27, n° 2391. A. RAMOSUM, F., *l. c.*, p. 141, T. 47, fig. 1. L'une des espèces les plus distinctes du genre, sans aucun rapport avec le n° 2391 de M. Baker, qui voit en lui l'*A. amplissimum.*

Espèce 28, n° 979. A. LATISSIMUM, F., *l. c.*, p. 142, T. 48, fig. 2. Ajoutez: *partim;* sous le nom d'*amplissimum*, M. Baker, *l. c.*, p. 485, réunit à sa plante nos n°ˢ 979 et 2389; et les n°ˢ 393, 967, 1781, 2350 et 2394 au *Phegopteris sub-incisa*, Willd., *sub polypodio.* — Au n° 979, qui se rapporte à l'*A. consobrinum, l. c.*, p. 140, il convient aussi d'ajouter le mot *partim.*

M. Baker indique comme brésiliennes les espèces suivantes :

1. ASPIDIUM (*Nephrodium*) SANCTI GABRIELI, Baker., *Polyp. Bras.*, p. 469; Hook., *Spec. filic.*, IV, 333. — (Haut-Amazone, près le fleuve Rio-Negro, Spruce, n° 2153.) — Frondes bipinnées, papyracées; nervilles simples, formant 3-4 séries.

2. SUBOBLIQUATUM, Baker., *in Synop. filic.*, p. 261. — (Para, près le fleuve Acara, Spruce, n° 36.) — Rhizome rampant; frondes glabres bipinnées, à segments linéaires oblongs, très-entiers, à indusium glabre.

3. A. ALSOPHILACEUM, Kze., *in Regensb. Flor.*, 1837, I, 320. — (Près de Para, prov. de Saint-Sébastien et au Corcovado, Gardn., n° 16.) — Frondes ovales-oblongues, pinnées, herbacées, segments laissant entre eux un étroit sinus, nervures légèrement poilues, sporothèces petits. C'est une grande plante. (N. V.)

4. A. (*Nephrodium*) PALUSTRE, Baker., *in Syn. filic.*, p. 270. — (Minas Geraes, Lindberg, n° 633.) — Frondes herbacées, glabres, oblongues-lancéolées, bipinnatifides, atténuées au sommet et à la base; 30 paires environ de pinnules, sporothèces médians. C'est une grande plante.

5. A. PTARMICA, Kze., *Mss.*, Metten., *Phegopt.* et *Aspid.*, p. 80. — (Rio-Janeiro, Serra d'Estrella et Serra os Orgaos, Gardn., n° 113.) — Frondes bipinnées, cartacéo-herbacées, glabriuscules, oblongues-lancéolées, atténuées au sommet et à la base; sporothèces couvrant tout le segment fructifère à la maturité; indusium glabre. Plante de médiocre grandeur.

6. A. PATULUM, Sw., *Stockh. Vet. Akad. handl.*, 1817, p. 64. — (Prov. des Mines, Rio-Janeiro, Serra da Piedade, Regn. III, 1452.) — Ce serait là l'*A. Mexicanum*, Presl., *sub Lastrea.* (Cfr., F., *Catalog. méth. foug. mexic.*, p. 30.)

7. A. ACUTUM (*Lastrea*), Hook., *Sp. filic.*, IV, p. 147, T. 271. — (Brésil, entre Campos et Victoria : Sello.) — Frondes tripinnatifides; sporothèces cordiformes, glabres; segments ligulés, lancéolés, denticulés, aristés au sommet; très-grande plante de consistance coriace. Semble très-voisine de notre *A. phæochlamys*, *Crypt. vasc. Brés.*, p. 140, T. 47, fig. 2.

8. A. MACROSTEGIUM, Hook., *Spec. filic.*, IV, p. 148, *sub nephrodio.* — (Près du Rio-Uapes, tributaire de l'Amazone, Spruce, n° 2545.) — Croît par touffes; le stipe a près d'un mètre; la fronde 750 centimètres; elle est coriace, plusieurs fois pinnée; l'indusium est glabre.

63². LEPIDONEVRON, F., *Gen. filic.*, p. 301, Tab. XXIII C, fig. 1.

3. RUFESCENS, F., *l. c.; Aspidium rufescens*, Schrad., *Gœtt. Gel. Anz.*, 1824, p. 629; *A. paludosum*, Radd., *Fil. Bras.*, p. 29, T. 44. — (Para, Spruce, n°ˢ 45 et 322, *ex* Baker, Goyaz, Bahia, Rio-Janeiro, Glaziou.) — Frondes pinnées, médiocrement velues, lancéolées, inégalement crénelées, faiblement auriculées vers le haut; frondules alternes lancéolées-acuminées, marge

bidentée à dents écartées; sporothèces petits, se développant près de la marge, au nombre de 30 environ par rangée; ils sont rufescents.

NB. Le caractère différentiel qui sépare le genre *Lepidonevron* du genre *Nephrolepis*, est tiré de l'indusium fixé au centre et libre dans tout son pourtour dans le premier de ces genres et largement attaché à la base dans le second; l'un très-facilement caduc et l'autre persistant. (Cfr. dans le *Genera* les figures citées Tab. 23 C, fig. 1 et 2.)

66. OLEANDRA, Cav., *Prœl.*, n° 623.

2*. HIRTA, Braken., *Fil. Un. St. exped.*, 214. — (Rio-Janeiro, Brakenridge.) — Stipes grêles, raides, portant une articulation au centre. (Elle demande à être mieux connue.)

67. NEPHRODIUM, Rich., *in Mich. Fl. Amer. bor.*, II, p. 266.

1. MOLLE, Schott., *Gen. filic*, *cum icone.* — L'indusium est représenté par Schott avec de longs poils sur le sacculus.

2. POHLIANUM, Presl., *Tentam. pterid.*, p. 81; F., *Crypt. vasc. Brés.*, p. 148. — (Rio-Janeiro, Glaziou, n° 5260.) — Belle espèce, des plus distinctes et cependant chargée d'une lourde synonymie, tour à tour *Aspidium, Nephrodium, Polystichum, Pteris, Polypodium, Goniopteris.* — Notre spécimen mesure 1 mètre 30 centim.

XXI. NÉPHROLÉPIDÉES.

70. NEPHROLEPIS, Schott., *Gen. filic.;* F., *Gen. filic.*, p. 319, T. 23, fig. 2.

1. EXALTATA, Schott., *l. c.;* F., *Crypt. vasc. Brés.*, p. 150. — (Rio-Janeiro, Glaziou, n° 5258.) — Très-remarquable par la courbure des frondules et par des marges très-ondulées. Très-bien caractérisée spécifiquement par le nom de *undulata*, J. Sm.

6*. TUBEROSA, Presl., *Tent. pterid.*, p. 79; F., *Gen. fil.*, p. 319, T. 25, fig. 1. — (Rio-Janeiro.) — Frondes pinnées; frondules oblongues-obtuses, dentées au sommet, cordiformes, sessiles, amplexicaules, auriculées à la base; stipe et rachis écailleux. — Espèce entre toutes remarquable par le tubercule qu'elle produit, particularité sans autre exemple à nous connu.

7*. BISERRATA, Sw., *in Schrad. Journ.*, 1800, II, 52, *sub aspidio.* — (Haut-Amazone et Para, par Spruce, n° 1292, *teste* Baker.) — Frondes pinnées, à frondules acuminées, doublement et obtusement dentées, auriculées; sporothèces marginaux, stipes glabres.

XX. DAVALLIÉES.

72. MICROLEPIA, Presl., *Tentam. pterid.*, p. 124.

1. FLUMINENSIS, F., *Crypt. vasc. Brés.*, p. 151, T. 51, fig. 1. — (Rio-Janeiro, à Itatiaia, Glaziou, n°s 5256, 5257 et 5396 [1872].) — Rachis villeux et non tomenteux. Elle rentre dans le genre *Dennstædtia*, de Bernhardi, *in Schrad. Journ.*, 1800, II, p. 124, T. 1, fig. 3. — Nous ne sommes pas très-assuré de la validité de cette espèce, qui pourrait n'être qu'une forme du *Dicksonia cicutaria* des auteurs.

73. DAVALLIA, Sm., Sw., *Syn. filic.*, p 5.

2*. SCHIMPERI, Hook., *Spec. filic.*, I, p. 193, T. 50 R; F., *Gen. filic.*, p. 328, T. 27 C, fig. 4; *Asplenium, Microlepia, Loxoscaphe, auct. var.*, Baker, *Fil. Bras.*, p. 345, T. 21, fig. 13 et 14; T. 41, fig. 11. (*Davallia thecigera*, Humb., *Nov. gen.*, I, p. 23 [1815].) — (Province Saint-Sébastien, Serra os Orgaos, Gardner, n° 200.) — Frondes coriaces, glabres, oblongues-lancéolées, bi-tri-pinnatifides; pinnules longuement pétiolées, uninervées; à segments étroitement linéaires, simples, bi- ou trifurquées, sporothèces marginaux, solitaires, latéraux et surmontés d'un appendice cornu; indusium bombé, s'ouvrant par le sommet. (N. V. *ex Brasilia orta.*)

3*. SPRUCEI, Hook., *in* Hook. et Baker, *Syn. filic.*, p. 108. — (S. Carlos, bords du Rio-Negro, dans le Haut-Amazone, Spruce, n° 2988.) — Rhizome brièvement rampant, avec des pétioles un peu écartés, raides, nus, luisants, gramineux; frondes coriaces, oblongues-lancéolées, bipinnées, à pinnules linéaires, ligulées, étalées, parallèles, pinnelles deltoïdes atteignant le rachis, segments linéaires aigus; nervilles solitaires; sporothèces terminaux, autant que de segments, presque aussi larges que hauts. (Baker, *Fil. Bras.*, p. 346.) [N. V.]

74. STENOLOMA, F., *Gen. filic.*, p. 330, T. 27²A.

2. GLAZIOVII, F., *Crypt. vasc. Brés.*, p. 153, T. 52, fig. 2 et non fig. 1, comme il est indiqué planche citée. — (Rio-Janeiro, nᵒˢ 5254 et 5255, forme naine.) — C'est le *Davallia bifida*, Klfss., l'*Odontoloma bifidum*, Metten., l'*Acrophorus bifidus* de Th. Moore. La plupart des espèces de ce genre portent des segments bifides.

Nous avons reçu sous le nᵒ 5255 une forme naine de cette plante. Si ces proportions n'étaient pas une réduction du type normal, il faudrait la regarder comme une variété ou même comme une espèce.

XXI. DICKSONIÉES.

75. DICKSONIA, L'herit., *Sert. anglic.*, p. 30.

5. APIIFOLIA, Sw., *Syn. filic.*, p. 137. — (Rio-Janeiro à Itatiaia, Glaziou, nᵒˢ 4427 et 5253.) — Plante très-ample, pluripinnée, partitions terminées en pointe dentée. Le pétiole est extrêmement robuste, il est entouré à la base par un coussinet d'écailles dorées ou plutôt par de longs poils strigilleux, étranglés d'espace en espace. Il est largement canaliculé et montre, sur le trajet de ce canal, une suite de petites protubérances régulièrement espacées, assises sur une ligne proéminente très-apparente. On les retrouve sur les principales divisions du rachis.

76. BALANTIUM, Presl., *Tent. pterid.*, p. 134.

1. SELLOWIANUM, Presl., *l. c.;* F., *Crypt. vasc. Brés.*, p. 155; *Dicksonia Sellowiana*, Hook., *Spec. filic.*, I, p. 67, T. 22 B. — (Rio-Janeiro, Alto-Macahe, Glaziou, nᵒ 4438.) — C'est à cette plante qu'il faut rapporter les nᵒˢ 1787 et 2281, récoltés à Saint-Louis, et le nᵒ 2824, de la Serra do Couto, tous provenant

de M. Glaziou. Les longs poils dorés et intestiniformes qui chargent la base des pétioles lui donnent un caractère remarquable de beauté.

XXII. ALSOPHILÉES.

77. ALSOPHILA, R. Br., *Prodr. Fl. N. Holl.*

6. SCROBICULATA, F., *Crypt. vasc. Brés.*, p. 157, T. 53, fig. 1. — (Rio-Janeiro, nº 5249, et à Itatiaia, nº 5250.) — Toute la plante est velue et grisâtre d'aspect; les écailles sont de couleur fauve, luisantes, lancéolées et assez raides.

10. APERTA, F., *Crypt. vasc. Brés.*, p. 158, T. 54, fig. 2, et *A. Glaziovii*, F., *l. c.*, p. 160, T. 55, fig. 2, très-distincts l'un et l'autre; le premier avec des pétioles armés de longues épines, portant à la base de belles et longues écailles blanches, glumacées; le second avec des pétioles inermes dans presque toute leur étendue, et des écailles roussâtres et luisantes.

20. LEPTOCLADIA, F., *l. c*, p. 161, T. 55, fig. 1. — Cette espèce, fondée sur le nº 2299 de M. Glaziou, est rapportée par M. Baker à l'*A. villosa*, Desv., qui serait l'*A. rigidula* de Martius; la comparaison de notre planche citée et de la planche 51 des icones de Martius exclut tout rapprochement.

Même dissimilitude entre l'*A. phalerata*, Mart., et l'*A. Corcovadensis*, F.; entre l'*A. procera*, Klfss., Mart., *Icon. crypt.*, T. 40, et les *A. dichromatolepis*, F., *Ludoviciana*, F., *l. c.*, p. 169, T. 60, fig. 2; entre l'*A. leucolepis*, Mart., *l. c.*, T. 46, l'*A. glumacea*, F., *l. c.*, p. 170, T. 61, fig. 2, et l'*A. nigrescens*, F., *l. c.*, p. 170, T. 54, fig. 1. Voy. Baker, *Polyp. Brasil.*, p. 318-332.

22. CORCOVADENSIS, F., *Crypt. vasc. Brés.*, p. 163, T. 56, fig. 2. — (Rio-Janeiro à Tijuca, Glaziou, nº 5248.) — Les sporothèces forment des groupes serrés; ce n'est que vers le sommet des frondes que les segments ne portent qu'un sporothèce.

24. DICHROMATOLEPIS, F., *Crypt. vasc. Brés.*, p. 164, T. 57, fig. 2. — (Rio-Janeiro à Itatiaia, Glaziou, nº 5351.) — Les sporanges, lâchement unies, sont attachées sur un petit réceptacle bombé. Le pétiole seul est épineux et les épines sont cachées sous les écailles.

25. IMPRESSA, F., *Crypt. vasc. Brés.*, p. 165, T. 58, fig. 1. — (Rio-Janeiro, à Tijuca, Glaziou, n° 5247.) — Ce spécimen nous a permis de voir que les pétioles de cette belle espèce sont épineux, à épines courtes, dressées et parfois en crochet vers leur partie inférieure; par la dessiccation elle prend une couleur jaune assez prononcée.

† 44. DECIPIENS, F.

> *Frondibus glabris, petiolo armato, fuscescente, lucidulo; spinis numerosissimis; inferioribus uncinatis, superioribus rectis, supremis acicularibus; squamis linearibus, integris, basi dilatatis aureisque; pinnis pinnatis, oblongis, rachibus depressis, tomentosis, fuscis, tomento rufescente, brevi; frondulis lanceolatis, alternis æqualiter crenatis, basi truncato, cordatis, mesonerro laminæ inferioris, squamas turgidas, indusium cyatheæ simulantes ferente; sporotheciis crassis, rubescentibus, annulo 30-32 articulato, sporis trigonis.*
>
> *Habitat in Brasilia fluminensi, declivitatibus montis vulgo dicti Itatiaia.*
>
> *Filix arborescens, aspectu splendido, nervillis sculpturatis.*
>
> ICON.: *Tab. CIII, fig. 1.*

(Longueur des pinnules, 30 centim.; des frondules, 5 sur 1 de largeur; il en existe de 17 a 19 paires.)

Magnifique fougère en arbre, rarement fertile; le stipe s'élève seulement à la hauteur de 60-80 centim. sur 50-60 centim. de diamètre. Le pétiole atteint la grosseur du petit doigt d'un enfant; il est chargé à la base d'une très-grande quantité d'épines; il décroît assez rapidement et l'on voit successivement les épines s'écarter, se redresser et devenir aciculaires. Les rachis des pinnules sont largement canaliculés et le canal est rempli par un tomentum fauve, très-épais et très-serré. M. Glaziou nous la signale comme étant des plus belles. Les écailles du mésonèvre sont très-singulières et simulent des sporothèces, étant bombées, blanchâtres et attachées par leurs bords; le tissu réticulé présente de petites ponctuations à la base des mailles nervillaires.

† 45. GUIMARAENSIS, F. et Glaz.

> *Frondibus heteromorphis, glabris, bipinnatis, petiolis longiculis, basi squamosis, squamis ovoideis, discoloribus, marginibus laceratis; pinnis pinnatis, apicibus pinnatifidis, pinnulis aliis breve petiolatis, oblongis, obtusiusculis, marginibus crenatis, basi subcordatis, aliis ovoideis sessilibus, basi rotun-*

11

*dis, marginibus integerrimis; in omnibus rachi tenui, alato subtomentoso-
que; sporotheciis parvulis, tot nervillæ quot sporothecia; annulo latissimo,
sporis trigonis.*

Habitat in Brasilia fluminensi. (Glaziou, n° 5252.)

Filix ampla, pinnulis heteromorphis.

Icon. : *Tab. CIII, fig. 2.*

(Longueur des pinnules, 30 centim. environ sur 8 d'envergure.)

Les mésonèvres portent des écailles simulant des sporothèces, comme dans l'espèce précédente, dont elle est du reste fort distincte. Il ne nous est parvenu que de
grands fragments de frondes, mais non pas la fronde tout entière. Nous avons
figuré, Tab. 103, fig. 2 *a*, le sommet d'une grande fronde, très-différente des
pinnules dont on peut voir un fragment, planche citée, fig. 2 *b*. Les pinnules sont
entières et fortement crénelées; elles se terminent par une longue pointe, très-
entière, les nervilles basilaires ont une tendance manifeste à se réunir pour former
une sorte de boucle. Les écailles de la base des pétioles sont dans cette plante tout
à fait spéciales. (Voyez la figure que nous en avons donnée.)

78. LOPHOSORIA, Presl., *Die Gefässb.*, p. 37.

1. PRUINATA, Presl., *l. c.;* F., *Crypt. vasc. Brés.*, p. 172. — (Rio-Janeiro à Itatiaia,
Glaziou, n° 5245.) — Frondes très-amples, glabres en dessus, portant en
dessous, principalement sur le mésonèvre, des écailles roussâtres, lâchement
appliquées; la teinte glaucescente des lames inférieures est très-prononcée;
les sporothèces sont assez gros, au nombre de 7-9, de couleur roussâtre;
les poils strigilleux du rhizome sont très-déliés, crépus et forment un épais
coussinet luisant.

2. CÆSIA, Presl., *l. c.;* F., *Crypt. vasc. Brés.*, p. 172. — (Rio-Janeiro, au Corcovado, Glaziou, n° 5246.) — Magnifique fougère dont les frondes naissent sur
un très-gros rhizome; les pétioles sont extrêmement vigoureux, courbés,
très-chargés de poils dorés, intestiniformes, fort longs et un peu crépus; les
radicelles sont aussi couvertes de poils soyeux, étalés et dorés; ainsi revê-
tues, elles prennent une apparence des plus remarquables. Les frondes sont
absolument nues; la lame inférieure revêt une belle couleur bleue. Elle est
glabre sur les deux faces avec des segments assez étroits et profondément

crénelés; les sporothèces forment des rangées de 5-6 groupes; ils ne dépassent pas les deux tiers inférieurs du segment.

Icon.: *Tab. CIV.*

NB. A l'exception du *L. dorsalis,* la plus belle espèce du genre et qui est une magnifique fougère en arbre, toutes sont réduites à un rhizome plus ou moins gros, toujours couvert d'écailles qui lui font une épaisse fourrure dorée. Ce rhizome semble se traîner sur la terre; aucune de celles-ci n'est épineuse. Les espèces à tige dressée et celles à rhizome semb'ent un peu disparates. (Glaziou *in litteris.*)

3. DORSALIS, F., *Crypt. vasc. Brés.*, p. 173, T. 51, fig. 3. — Cette espèce est peut-être un *Alsophila;* elle n'a pas les poils strigilleux des autres *Lophosoria;* d'autre part le pétiole est épineux, circonstances qui, si elles ne sont pas absolument déterminantes, peuvent cependant faire hésiter sur la place à lui donner dans l'un ou l'autre genre.

79. TRICHOPTERIS, Presl., *Delic. Prag.*, I, p. 172.

2. ELEGANS, Presl., *Tent. pterid.*, p. 59; F., *Crypt. vasc. Brés.*, p. 175. — (Rio-Janeiro, Serra os Orgaos, Glaziou, n° 4439.) — Plante ligneuse de la grosseur du bras. Ce spécimen diffère légèrement de la planche de Martius. (*Icon. crypt. Bras.*, p. 63, T. 38.) Les frondules sont un peu obtuses et plus longuement pédicellées. Ces différences, au reste, ne sont pas notables.

81. HEMITHELIA, Presl., *Die Gefässb.*, p. 41.

1. GARDNERIANA, Presl., *l. c.; Alsophila Capensis,* Hook., *Spec. filic.*, I, p. 36; *Syn. plur. exclusis;* F., *Crypt. vasc. Brés.*, p. 175. (Rio-Janeiro, Serra os Orgaos, Glaziou, n° 4440.) — La base du stipe produit cette singulière radication à divisions nombreuses, les dernières capillacées que nous avons déjà vues sur les spécimens de la même espèce venant du cap de Bonne-Espérance et récoltés par Drège. Serait-ce une fronde déformée ou réduite au système vasculaire? Telle est la singularité de son aspect qu'elle a été décrite par Klfss., *Enum. filic.*, p. 266, comme un *Trichomanes* douteux.

2. SELLOWIANA, Presl., *Crypt. vasc.*, p. 175; ajoutez à la suite du n° 980 le mot *partim.*

4°. MULTIFLORA, R. Br., *Prod. Fl. Nov. Holl.*, p. 158. — Cette plante de la Guyane aurait été trouvée dans la province de Para et dans le Haut-Amazone. — Fougère arborescente à sporothèces nombreux, protégés par un petit indusium membraneux, à demi cupuliforme.

5°. PLATYLEPIS, Hook., II, *Centur. fern's*, T. 100. — (Sur les rives du Rio-Negro, Spruce, n° 3127.) — Pétioles inermes; fronde tripinnée à peu près deltoïde; sporothèces très-gros portés sur un réceptacle hispide, indusium membraneux, semi-globuleux, caractérisé par l'ampleur des écailles.

82. HEMISTEGIA, Presl., *Die Gefässb.*, p. 46.

2°. WILLDENOWII, F., *Gen. filic.*, p. 351, T. 27 A, fig. 1; *Cyathea grandifolia*, Willd., *Filic.*, p. 490; *Microstegnus grandifolius*, Presl., *Die Gefässb.*, p. 46, non *Hemithelia grandiflora*, Hook., *Spec. filic.*, I, p. 30, T. 14. — Cette belle fougère, type du genre *Microstegnus*, est commune dans les Antilles et dans les Guyanes; elle aurait été trouvée dans la province de Para, d'après M. Baker, sans nom de collecteur. Le pétiole est vigoureux et glabre; la fronde, pinnée, excède un mètre; les frondules sont presque opposées et mesurent 30 centimètres et souvent plus. Les nervilles sont en relief, libres, à l'exception des inférieures qui se réunissent en arc. Presl, *l. c.*, trouve entre l'*Hemithelia grandiflora* de Hooker et le *Cyathea grandiflora* de Willdenow, *l. c.*, la différence d'un genre; sans aller aussi loin que cet illustre ptéridographe, nous nous sommes contenté de la séparer spécifiquement.

XXIV. CÉRATOPTERIDÉES.

89 (83°). CERATOPTERIS, A. Brong., *in Dict. Sc. nat.*, III, 350.

1°. THALICTROIDES, Brong., *l. c.*, *Acrostichum, Belvisia, Furcaria, Parkeria, Pteris, Chladostachys, Cryptogenis, Ellobocarpus, Onychium, Schizæa, Teleozoma,* auct. var. — (Rio-Janeiro, prov. Capocabana, Gardner, n° 5667; Bahia, Saltzmann; Goyaz, prov. Saint-Paul, Maranhâo, par divers.) — Plante aquatique, annuelle, diffuse, succulente, hétéromorphe; sporothèces d'aspect ptéroïde. Sporanges presque sessiles, hyalinées, arrondies, comprimées; anneau vertical, large, étalé; souvent très-court, s'ouvrant par une fente transversale; spores gros, obtusement triangulaires, portant trois stries concentriques. — Nous ne l'avons point vue provenant du Brésil.

II. HYMÉNOPHYLLACÉES.

I. TRICHOMANOIDÉES.

87. DIDYMOGLOSSUM, Presl., *Hymen.*, p. 22.

† 4. SOCIALE, F.

> *Frondibus glabris, in ambitu oblongis, cæspitosis, pedicello capilliformi, marginibus subdigitatis, glabris, nervillis furcatis; pyxidulis exsertis, scyphimorphibus, ore rotundo; sporangiis rotundis; columella brevi.*
>
> *Habitat in Brasilia fluminensi.* (Glaziou, n° 5249, Tijuca.)
>
> *Filix parvula, humifusa, frondibus pilos 2-4 atros, rigidos ferentibus; rhizomate longo, tomento fusco vestito.*

ICON.: *Tab. LXXXV, fig 3.*

Dimensions (voir la planche citée).

Cette petite espèce est gazonnante, les frondes s'enchevêtrent sur des rhizomes tomenteux fort longs et filiformes, les lames sont plus larges que longues, comme digitées, à digitations irrégulières; elles portent trois ou quatre poils simples, raides, noirs et assez courts. Les pyxidules s'élèvent au-dessus des marges au moins des quatre cinquièmes de leur longueur totale. Elle diffère du *Didymodon Hookerii*, Presl., *l. c.*, entre autres caractères, par les poils nombreux et étoilés qui dans cette espèce couvrent les lames. On ne saurait, non plus, accepter pour notre plante les mots: *frondibus obovato-oblongis, cuneatis, brevissime stipitatis*, Willd., *Filic.*, p. 501.

II. HYMÉNOPHYLLÉES.

29. HYMENOPHYLLUM, Smith *et auct. emendat.*

2. ASPLENIOIDES, Sw., *Syn. filic.*, p. 145; F., *Crypt. vasc. Brés.*, p. 192, T. 70, fig. 2.
Var. β *palmatum.* — (Rio-Janeiro, Glaziou, n° 5240.) — Espèce pendante,

d'un très-beau vert, à nervilles n'atteignant pas la marge. Nous avons écrit qu'elle avait du rapport avec l'*A. macrocarpon*, F. et Schaff.; il faut rectifier cette citation en mettant F. (*Catalog. méth. Foug. mexic.*, p. 39.)

† 7². DELICATISSIMUM, F.

> *Cæspitosum, intricatum, repens; rhizomate capillaceo; frondibus pinnatis, villosis, pilis longis, bifurcatis, ramis divaricatis, segmentis linçaribus, emarginatis; marginibus leviter undulatis, nervillis nigrescentibus, pyxidulis parvis, labiis plane apertis.*
>
> *Habitat in Brasilia fluminensi.* (Serra os Orgaos, Glaziou, n° 3591.)
> *Filix delicatissima, segmentis ciliatis.*
>
> Icon.: *Tab. CV, fig. 1.*

(Longueur variable, 1,5-3 centim.)

Elle est plus ou moins divisée, tantôt palmée et tantôt pinnatifide; cette espèce n'est pas la seule à laquelle on pourrait donner l'épithète de *delicatissimum*.

13. JALAPPENSE, Schlecht., *Linn.*, V, p. 619? F., *Crypt. vasc. Brés.*, p. 195. — (Rio-Janeiro, Serra os Orgaos, Glaziou, n° 3590.) — Les pyxidules sont glabres, les valves entières et appliquées étroitement les unes contre les autres. On doit la regarder comme une variété.

14. POLYANTHOS, Sw., *Syn. filic.*, p. 149; F., *Crypt. vasc. Brés.*, p. 195. — (Rio-Janeiro, Glaziou, n° 3351.) — Elle doit son nom au grand nombre de pyxidules qui chargent ses frondes; le spécimen que nous avons sous les yeux est dans ce cas et nous remarquons, comme caractère, que les pyxidules sont pédicellées, arrondies, ayant leur plus grand diamètre transverse. — Ce n° 3351 est porté mal à propos comme appartenant à l'*H. microcarpon*, p. 246.

**** *Sphærocionium.***

19. CAUDICULATUM, Mart., *Icon. crypt. Bras.*, p. 102, T. 67; F., *Crypt. vasc. Brés.*, p. 197. — (Rio-Janeiro, Glaziou, n° 5241.) — On peut facilement la reconnaître à la décurrence des frondes qui donne au pétiole un aspect ailé; elle est parfaitement glabre et conserve en herbier une belle couleur verte.

25. CAULOPTERUM, F., *Crypt. vasc.*, p. 197, T. 70, fig. 3. — (Rio-Janeiro, Glaziou, n° 5238.) — Espèce dilatée; frondes naissant écartées sur un rhizome
filiforme; segments souvent imbriqués.

26². RUFUM, F., *Crypt. vasc. Brés.*, p. 198, T. 70, fig. 4. — (Rio-Janeiro, Glaziou,
n° 5237.) — Le système pileux est des plus remarquables; elle pend aux
arbres. Les mailles du tissu cellulaire sont assez larges.

III. GLEICHÉNIACÉES.

90. MERTENSIA, Willd., *Act. holm.*, 1864, p. 165.

5. FURCATA, Willd., *Filic.*, p. 71; F., *Crypt. vasc. Brés.*, p. 200. — (Sommet du
versant méridional de los Orgaos, Glaziou, n° 4453.) — Son pétiole, écrit
M. Glaziou, atteint près d'un mètre avant d'émettre ses frondes.

** Segments glabres inférieurement.*

†5². LONGIPES, F.

*Parva, glaberrima, di-trichotomo-flabellata; petiolo longissimo, superne de-
presso, canaliculato, flavescente; rhizomate crassitudine pennæ columbariæ,
sinuato; dichotomiis omnibus gemmiferis; gemmis parvulis, squamis fulvis
laxe vestitis; frondulis linearibus, acuminatissimis, mesonevris squamosis;
segmentis obovatis, leviter replicatis, sporangiis ad marginem evolventibus.*

Habitat in Brasilia fluminensi. (Serra do Pica, Glaziou, n° 5235, *fre-
quens.*)

Filix gracilis, longe stipitata, gemmis inertibus.

ICON.: *Tab. CV, fig. 2.*

(Longueur, 32-36 centim., dont le pétiole fait presque les ³/₄; bifurcation primaire, 10 centim.,
la dernière atteignant à peine 4; largeur des frondules, 1 centim.; je compte près de 30 segments sur chaque côte des frondules.)

Cette espèce est d'aspect agréable, assez flexible, ayant quelques écailles dans
toutes ses parties, moins le pétiole qui est nu; la base des dichotomies est ailée
par le développement de segments pareils à ceux des frondules; celles-ci sont
arquées, à segments rapprochés dont les nervilles sont largement bifurquées dès
leur point d'insertion. Il fallait s'assurer s'il n'existait pas des formes plus grandes

qui peut-être l'auraient fait rapporter à quelque autre espèce, mais M. Glaziou nous apprend que ce spécimen est de grandeur normale; les individus de cette espèce, dit-il, gardent toujours les mêmes dimensions, sauf de très-légères différences en plus ou en moins.

*** Segments tomenteux inférieurement.*

19*. LATISSIMA, F., *Crypt. vasc. Brés.*, p. 203, T. 73, fig. 1. — (Rio-Janeiro, Glaziou, n° 5234.) — Var.: *Lana albicante.* Dans le type le tomentum, qui charge si abondamment les lames inférieures, est d'une belle couleur rousse. C'est une très-grande et très-belle espèce.

IV. SCHIZÉACÉES.

I. EUSCHIZÉACÉES.

II. ANEIMIACÉES.

94. ANEIMIA, Sw., *Syn. filic.*, p. 195.

5. ROTUNDIFOLIA, Schrad., *Gœtt. Gel. Anz.*, 1824, p. 865, n° 8; F., *Crypt. vasc. Brés.*, p. 206. C'est sur le vu de la planche donnée par Raddi, *Filic. Bras.*, T. 11 (*Aneimia radicans*, var. β), que nous avons écrit qu'elle était très-velue; la description n'en dit rien, non plus que Presl qui l'énumère (*Supp. pterid.*, p. 81) et qui se contente de dire : *Icon. Raddiana specimen nimis glabrum refert*, tandis que le contraire nous apparaît nettement. Nous n'avons aucun moyen de dissiper cette contradiction. Le spécimen n° 5231, récolté dans la vallée du Rio-Comprido, est au plus haut point prolifère, elle reproduit assez exactement la forme donnée par Raddi; mais à l'exception de quelques poils épars sur les pétioles, la plante est absolument glabre. La souche est dressée et se charge de 5-7 frondes. A la voir il est permis de penser que la plante n'a qu'une courte durée : elle est élancée, flexible, laisse voir facilement ses nervilles; les réjets prolifiques sont filiformes, le gemme produit d'abondantes radicelles et des frondules de forme variable; le terme *rotundifolia*, qui la désigne, ne doit pas être pris à la rigueur; les frondules ne sont qu'arrondies, ou elliptiques, crénelées finement en leur pourtour et terminées en coin par un très-court pétiole.

13. Raddiana, Lk., *Hort. Berol.*, II, p. 144; *A. flexuosa*, Radd., *Fil. Bras.*, p. 71,
T. 13; F., *Crypt. vasc. Brés.*, p. 208. — (Rio-Janeiro, Glaziou, n° 5380,
[1872.]) — Ce spécimen est médiocrement velu; les rameaux des épis sont
très-serrés et d'une belle couleur ferrugineuse; la figure donnée par Raddi
laisse aux segments une disposition ondulée qui ne se trouve pas ici. Les *A.
Raddiana*, Lk., et *tomentosa*, renvoient l'une et l'autre à la planche 13 de
Raddi et nous croyons devoir les réunir, les différences qui les séparent
n'étant que des modifications d'une même forme.

16. Adiantifolia, Sw., *Syn. filic.*, p. 157; Willd., *Filic.*, p. 94; *Dict. Levrault*,
Tab. 100. — (Rio-Janeiro, Glaziou, n° 5391.) — Cette espèce n'avait pas été,
que nous sachions, recueillie au Brésil; les frondes sont bipennées, à segments oblongs, dentés et presque laciniés au sommet; elle est d'un vert
foncé; les épis sont géminés.

21. Ciliata, Presl., *Delic. Prag.*, p. 158; F., *Crypt. vasc. Brés.*, p. 210. — (Rio-
Janeiro, Glaziou, n°ˢ 4459 et 5381 [1872], et n° 5232 à Sao Christovao.) —
Les épis (*Anthuri*, Lk.) sont contractés, la souche est relativement fort grosse
et radicelleuse.

94² ANEIMIÆBOTRYS, F., *Crypt. vasc. Brés.*, p. 267.

1. Aspera, F., *l. c.* — (Rio-Janeiro, au Morro Queimado, entre la Tijuca et la
Gavia, Glaziou, n° 4460.) — Les frondes sont bipennées; les frondules primaires, presque opposées, s'ouvrent à angle droit; le pétiole et les rachis
sont canaliculés, gramineux; la souche est couverte de longs poils fauves
de couleur dorée. Le pétiole que nous avons sous les yeux mesure près
d'un mètre, sur 32-35 centimètres d'envergure.

95. ANEIMIÆDICTYON, J. Smith., Presl., *Supp. pterid.*, p. 105.

1. Phyllitidis, J. Sm., *in London. Journ. bot.*, II, p. 387; F., *Crypt. vasc. Brés.*,
p. 211. — (Rio-Janeiro, Glaziou, n° 5395 [1872.]) — Var.: β. *fraxinifolium*,
J. Sm., *l. c.* — Variété très-grande qui constitue une espèce qu'il est permis
de regarder comme distincte. Les frondules, courtement pétiolées, ont une
marge ondulée, dentée; elles sont obliques et acuminées, la terminale est
régulièrement ovoïde; les épis portent des rameaux très-grêles; elle mesure
près d'un mètre.

V. LYGODIACÉES.

97. LYGODIUM, Sw., *Syn. filic.*, p. 152.

2. HASTATUM, Desv., *Prodr. Ann. soc. Linn. Paris*, VI, p. 204; F., *Crypt. vasc. Brés.*, p. 212. — (Rio-Janeiro, Glaziou, n°s 4461 et 4462 [*sterilis*], n° 4464, fertile.) — Elle est grimpante à la manière de nos clématites.

5. POHLIANUM, Presl., *Supp. pterid.*, p.105. — (Rio-Janeiro, Barrière des Orgues, Glaziou, n° 4463.) — Même port que ses congénères; elle a des proportions inférieures à celles de l'espèce précédente, avec des épis beaucoup plus courts.

VI. MARATTIACÉES.

98. GYMNOTHECA, Presl., *Tent. pterid. supp.*, p. 12.

1. CICUTÆFOLIA, Presl., *l. c.* — (Brésil, Rio-Janeiro, Glaziou, n° 5231.) — Le rachis des frondules est seul ailé. C'est aux frondes radicales et stériles que s'adresse le nom spécifique.

VII. DANÆACÉES.

100. DANÆA, Smith., *Act. Taur.*, V, p. 420, T. 9.

2. LONGIFOLIA, Desv., *Berol. mag.*, 1811, p. 307. — (Rio-Janeiro, Alto-Macahe, Glaziou, n° 4674.) — Les frondules sont elliptiques, opposées, courtement pétiolées, acuminées, à marge légèrement ondulée; elle est glabre dans toutes ses parties.

IX. OPHIOGLOSSACÉES.

103. OPHIOGLOSSUM, L., *Sp. pl.*, 1518.

103. RETICULATUM, L., *l. c.;* F., *Crypt. vasc. Brés.*, p. 218. — (Rio-Janeiro, Glaziou, nº 5230.) — Var.: *cordatum*. Toutes les espèces d'*Ophioglossum* ont des nervilles anastomosées; c'est un caractère de genre et qui ne fournit aucune indication comme espèce; il en est de même de l'épithète *cordatum*, attribuée à la variété, les frondes de presque toutes les espèces ayant une base cordiforme. Lorsque les noms ne sont pas caractéristiques, au lieu de guider, ils égarent.

II. LYCOPODIACÉES.

1. LYCOPODIUM, Spring., *Monogr.*, T. 1 et 2.

1. *Type :* SELAGO.

1*. SELAGO, L., *Sp. pl.*, 1565, et *auct.* — (Rio-Janeiro, sommet des Orgues, Glaziou, n° 4477.) — L'aire botanique de cette plante est fort étendue; elle est robuste, dichotome, à feuilles toutes semblables, dressées et imbriquées; la nervure moyenne est plus apparente que dans les spécimens d'Europe. M. Spring ne l'indique pas comme brésilienne.

1ª. *Type :* REFLEXUM.

2 (1). REFLEXUM, Lmk., *Encyc. méth.*, III, p. 653; F., *Crypt. vasc. Brés.*, p. 220. — (Rio-Janeiro, Alto-Macahe, Glaziou, n° 4476.) — Espèce nettement caractérisée, allongée, souple, à dichotomies très-espacées; anthéridies axillaires, occupant le sommet des tiges.

† 3 (1ª). FLACCIDUM, F.
>
> *Caulibus subsessilibus, assurgentibus, 6-7 dichotomis, laxissimis, ramis approximatis, fili crassi similibus; foliis verticillatis, linearibus, subpatulis, curvatis, longe acuminatis, uninervatis, mesonevro donatis; antheridiis parvulis, axillaribus, magnitudine seminis sinapeos.*
>
> *Habitat in Brasilia fluminensi.* (Alto-Macahe, Glaziou, n° 4677.)
> *Lycopodium flaccidum, viride, pendulum; dichotomiis angustis.*
> ICON.: *Tab. CVI, fig. 1.*

(Longueur, 32-34 centim.; feuilles, 7-8 millim.)

Cette espèce est d'une souplesse extrême et ne montre aucune trace d'élasticité, les dichotomies sont étroites, presque parallèles; les rameaux nombreux portent des feuilles linéaires, médiocrement étalées, très-étroites et notablement courbées; les anthéridies, de couleur jaune pâle, sont bombées.

4 (2). INTERMEDIUM, Spring., *in Flor. Bras.*, I, p. 111; F., *Crypt. vasc. Brés.*, p. 220. — (Rio-Janeiro, Glaziou, n° 5224.) — Espèce faiblement caractérisée, plusieurs fois dichotome, à dichotomies assez rapprochées; rameaux courbés, ondulés, chargés de feuilles linéaires, médiocrement divergentes, étroites et carénées. Les rameaux dans leur ensemble forment une sorte de réseau. Elle a des rapports avec le *L. verticillatum.*

† 4¹ (2²). HETEROCARPON, F.

Caulibus flaccidis, pendulis, longissime dichotomis, crassitudine pennæ columbæ, foliis linearibus, acutis, basi latioribus, patulis, fructibus dimorphis, in spicis breviusculis, aut ad ramos axillaribus; foliis spicarum carinatis, longe acuminatis, sporangiis crassis, lutescentibus.
Habitat in Brasilia fluminensi. (Glaziou, n° 5636.)

Espèce très-nettement caractérisée par des sporanges axillaires le long des tiges ou réunies en épis, circonstance qui infirme la division de ces plantes, fondée sur la disposition de la fructification spiciforme ou axillaire.

Le *Lycopodium heterocarpon* peut atteindre ou même dépasser 40 centim.; il est pendant, parfaitement glabre, avec des rameaux courbés en arc. Les feuilles des tiges, très-étroites, sont longues de 11 à 13 millim.; celles qui portent des fruits à leur aisselle ne diffèrent pas des autres, tandis que les feuilles des épis ont une forme carénée et se terminent brusquement en une longue pointe, très-légèrement pubescente.

2. Type: LINIFOLIUM.

5*. LINIFOLIUM, L., *Sp. pl.*, 1565; F., *Crypt. vasc. Brés.*, p. 221. — (Rio-Janeiro, Glaziou, n° 5222.) — Belle espèce à feuilles étalées, exécutant un demi-tour de torsion à la base; elle est assez polymorphe.

† 8 (5²). FLEXIBILE, F.

> *Caulibus flexuosis, filiformibus æqualiter 1-2 dichotomis, sæpe puniceis;*
> *foliis lanceolatis, irregulariter patulis, lanceolatis, basi leviter semi-con-*
> *tortis, longe acuminatis, acumine longo, tenui, curvato, mesoncvro perspicuo;*
> *antheridiis remotis, orbiculari-reniformibus.*
>
> Habitat in Brasilia fluminensi. (Glaziou, n° 5220.)
>
> *Lycopodium statura mediocri, caulibus flexuosis notatum.*
>
> ICON.: *Tab. CV, fig. 3.*

(Longueur totale : tiges, 14-16 centim.; feuilles, 11-13 millim. sur 2 millim. de largeur.)

Les feuilles prennent toutes sortes de directions en s'écartant de la tige; elles
sont distiques, très-légèrement contournées vers le bas. Le mésonèvre est très-
apparent et se termine en une pointe molle, diversement infléchie et comme
flétrie. Ce qui caractérise cette espèce, consiste dans les tiges et leurs divisions,
fléchies dans toute leur étendue en zigzag, et dont les courbures sont très-rapprochées; la racine est filiforme.

4. *Type :* VERTICILLATUM.

9. VERTICILLATUM, L., *Supp.*, p. 448; F., *Crypt. vasc. Brés.*, p. 221. — (Rio-
Janeiro, Glaziou, n° 5225.) — Var.: *filiforme.* Très-grande espèce, pendante,
flexible, presque filiforme, à feuilles étalées, courbées en dedans, tubulées,
très-entières.

11. FONTINALOIDES, Spring., *Fl. Bras.,* I, p. 112, T. 5, fig. 2; F., *Crypt. vasc. Brés.,*
p. 222; *Lycop. serpyllifolium*, F., *l. c.*, T. 73, fig. 3. — (Rio-Janeiro, Glaziou,
n° 4471, Alto-Macahe; n° 5218 et 5219, Morro da Fazenda, à Tijuca.) —
Nous avions été frappé de l'amplitude et de la forme toute spéciale des
feuilles de la base des tiges, très-semblables à celles du serpolet. Nous con-
statons maintenant que notre espèce rentre dans le *L. fontinaloides* de Spring.
Elle varie par des tiges plus ou moins grêles et plus ou moins souples. Les
anthéridies occupent le sommet des rameaux. Nous indiquons comme variétés, les formes suivantes qui méritent peut-être d'être élevées à la condition
de ce genre.

β CORONATA, F. — (Rio-Janeiro, Glaziou, n° 3219.)

Tiges plus robustes que dans le type, à feuilles carénées, médiocrement appliquées, branches dichotomiques très-longues. Elle est remarquable par un bouquet
de feuilles lancéolées, obtusiuscules, pointues ou même acuminées; elle atteint un
demi-mètre et s'attache aux arbres par une racine fibreuse. Les tiges sont grosses
comme une plume de pigeon. Cette variété reproduit très-exactement la forme des
tiges du *Fontinalis antipyretica*, L.

γ ADPRESSA, F., *L. serpyllifolium;* F., *Crypt. vasc. Brés.*, 2e appendice,
p. 267. — (Rio-Janeiro, Glaziou, n° 3600.)

Tiges à branches dichotomes arquées, les supérieures très-courtes et comme
bifurquées; elles sont plus raides et plus grosses que dans le type; les feuilles sont
épaisses, ridées, comme cartilagineuses, marginées de blanc et très-étroitement
imbriquées, le sommet seul se détache un peu de la tige et la rend rugueuse au
toucher.

6². Type : PHLEGMARIA.

† 14². ERYTHROCAULON, F.

*Caulibus sessilibus, dichotomis alatis, puniceis, flexuosis, angulatis, patulis;
foliis alternis, lanceolatis acutis, spicis 2-3 dichotomis, cylindricis, foliis
ramorum fertilium crassis, arcte imbricatis, ovatis, apice rostratis, gibbo-
losis, trifariis; antheridiis albidulis, lœvissimis.*

Habitat in Brasilia fluminensi. (Glaziou, n° 5221.)

*Lycopodium caulibus puniceis, flexuosis, cæspitosis, dichotomo-diffusis, foliis
alternis remotis; surculo lanoso.*

ICON. : *Tab. CVI, fig. 2.*

(Longueur des tiges, 12-14 centim.; feuilles, 10-12 millim.)

Cette jolie espèce est remarquable par la belle couleur pourpre de ses tiges,
notablement flexueuses, mais non courbées en zigzag; les feuilles sont un peu
écartées les unes des autres, vertes, très-étalées et quelquefois même réfléchies;
les épis, au nombre de 10-12, se recourbent de dehors en dedans; le sommet a
une tendance à se bifurquer, c'est-à-dire à former de nouvelles dichotomies. La
couleur pourpre s'étend à toutes les divisions des tiges.

7. Type : OPHIOGLOSSOIDES.

† 15². ASSURGENS, F.

*Caulibus ramosis, assurgentibus; rhizomate horizontali, crassitudine pennæ
columbarum, foliis quadrifariis, aphlebiis, angustissimis, rigidis, apice*

mucronulatis, curvatis; ad basim remotioribus; ramis fertilibus elongatis, pauci-foliatis; spicis 2-3 dichotomis, cylindraceis, squamis ovoideis, siccitate reflexis fuscisque, antheridiis ad maturitatem basi ad apicem hiantibus, labiis flexuosis.

    Habitat in Brasilia fluminensi. (Glaziou, n° 5228.)

    Lycopodium repens, ramosum, spicis dichotomis, squamis apice reflexis.

    Icon. : *Tab. CVI, fig. 3.*

(Longueur des tiges, 20-22 centim.; feuilles, 5 millim.; épis, 3 à 4 centim. sur un rameau de 5-7 centim.)

Les rameaux stériles sont moins feuillus à la base que dans les parties supérieures. Les épis prenant une couleur brune à la maturité, dans cet état les anthéridies deviennent béantes et il est difficile d'en déterminer rigoureusement la forme.

8. Type : Inundatum.

16*. alopecuroides, L., *Spec. pl.*, 1565; F., *Crypt. vasc. Brés.*, p. 223. — (Brésil, Serra os Orgaos, Glaziou, n°s 4489 et 4481.) — Les rameaux, très-vigoureux et très-obtus, ont une tendance bifide très-marquée. Les spores sont globuleux, lisses, assez gros et visibles à l'œil nu.

9. Type : Annotinum.

18. cernuum, L., *Sp. pl.*, 1566; F., *Crypt. vasc. Brés.*, p. 224. — (Rio-Janeiro, à Larangeiros, Glaziou, n° 4479.) — Plante assez mobile dans ses formes; les épis sont courts, penchés, discolores et formés plutôt de poils que d'écailles.

†18². Eichleri, Glaz. *in litteris.*

    Caulibus ramosis, rotundis, lapsu squamarum asperrimis; ramis subpendulis, foliis linearibus, incurvis, mesonevro prominente, dorso sulcatis; foliis ramulorum magis curvatis, transverse et regulariter rimosis, amentis erectis, ellipticis, squamis ovoideis, longe acuminatis.

    Habitat in Brasilia fluminensi. (Alto-Macahe, Glaziou, n° 4478; altitude, 1,600 mètres.)

    Lycopodium facie L. cernui, L., sed ramis inflexis et spicis erectis.

    Icon.: *Tab. CVI, fig. 4.*

(Longueur, 75-95 centim.; la base des tiges est de la grosseur d'une plume de cygne.)

Les tiges sont arrondies, finement striées; elles portent sur leur trajet les débris des anciennes feuilles; cette espèce est très-vigoureuse, et quoiqu'elle ait en elle quelque chose de l'aspect général du *L. cernuum*, elle en est des plus distinctes. Son port rappelle en petit un arbre pleureur.

10. Type : CLAVATUM.

19*. CLAVATUM, L., *Sp. pl.*, 1564; F., *Crypt. vasc. Brés.*, p. 224. — (Rio-Janeiro, sommet des Orgues au sud-ouest du Rio-Soberbo, Glaziou, n° 4474; n° 5227, Rio sans autre indication.) — Plante longuement traçante dont les tiges ne s'étendent qu'en longueur, avec des épis qui n'excèdent pas le nombre de trois et qui sont latéraux.

21. TRICHIATUM, Bory., *Voy. aux quatre îles afric.*, I, 350; F., *Crypt. vasc. Brés.*, p. 225. — (Rio-Janeiro, à Tijuca, Glaziou, n°s 4472 et 4475; sommet des Orgues, n° 4473.) — Var.: β, *spicis longioribus*. Bien voisine du *L. clavatum*, L.; à feuilles plus étroites et plus étalées; elle est caulescente; l'extrémité de ses rameaux stériles porte une petite touffe d'écailles transparentes, denticulées et d'un blanc très-pur. Nous avons cru utile de figurer cette belle espèce longtemps controversée.

ICON. : *Tab. CVII.*

11. Type : CAROLINIANUM.

22. CAROLINIANUM, L., *Spec. pl.*, 1567; F., *Crypt. vasc. Brés.*, p. 225. — (Rio-Janeiro, Glaziou, n° 5229.) — Les épis, toujours simples, sont hors de proportion avec la tige qui les supporte. Le nom spécifique semble indiquer une localité restreinte, tandis que l'aire botanique de cette curieuse espèce s'étend bien au delà des limites qu'elle semble indiquer; c'est ainsi, par exemple, qu'elle a été trouvée au cap de Bonne-Espérance, à Madagascar, à Bourbon, à Maurice et même à Ceylan. Elle est commune à la Guadeloupe.

12. Type : COMPLANATUM.

24. COMPLANATUM, L., *Spec. pl.*, 1567; F., *Crypt. vasc. Brés.*, p. 225. Var.: β, *adpressifolium*, Spring., *Monogr.*, I, p. 102. — (Rio-Janeiro, Glaziou, n° 5226.) — La plante brésilienne semble différer des individus européens par des proportions très-supérieures, par une ramescence moins serrée et par des

13

épis formant trois dichotomies. Nous avons sous les yeux deux spécimens dont l'axe des épis se continue sous forme d'appendice, dépourvu d'anthéridies. La longueur des tiges atteint 40 centimètres, celle des épis entre 5 et 6.

2. SELAGINELLA, Spring., *Monogr.*, T. II.

3. Type: APUS.

4. APUS, Spring., II, p. 24; F., *Crypt. vasc. Brés.*, p. 227. — (Rio-Janeiro, Glaziou, n°s 4487 et 5217.) — Elle est annuelle, fort délicate et d'aspect assez variable.

5. CRASSINERVIA, Spring., *Monogr.*, II, p. 77; F., *Crypt. vasc. Brés.*, p. 227. — (Rio-Janeiro, Glaziou, n° 4498 *partim.*) — M. Spring n'a pas connu les épis; ils sont quadrangulaires, assez courts, formés de feuilles scarieuses. La nervure est noirâtre et n'atteint pas le sommet.

6. POLYSPERMA, Spring., *Monogr.*, II, p. 78; F., *l. c.*, p. 227. — (Rio-Janeiro, Glaziou, n° 4498 *partim.*) — Les épis sont quadrangulaires, longs de 2 centimètres, formés de feuilles semi-étalées et longuement acuminées.

6². TENUISSIMA, F.

Repens, caulibus capilliformibus, ramosis, ramis brevibus; foliis glabris remotiusculis, ovatis, obtusiusculis, intermediis minoribus, acuminatis, spicis brevibus gemmiformibus.

 Rio-Janeiro, Alto-Macahe. (Glaziou, n° 4499.)

Parvula, cæspitosa, radicans.

ICON.: *Tab. CVIII, fig. 1.*

Très-petite espèce, très-radicante, radicelles capilliformes sur lesquelles reposent les tiges. Nous n'avons pu voir les anthéridies. Elle a quelques rapports avec la *S. delicatissima*, A. Braun.

6. Type: PORELLOIDES.

7. MUSCOSA, Spring., *Monogr.*, II, p. 100. — (Rio-Janeiro, Glaziou, n° 4675.) — Épis courts, tétragones, souvent bifides, à feuilles carénées, aiguës. Les tiges sont radicantes, les radicelles capillacées, assez courtes.

7. *Type* : Serpens.

9². serpens, Spring., *l. c.*, p. 102? — (Rio-Janeiro, grand marécage des Orgues, Glaziou, n° 4486 et n° 4485, sommet des Orgues [forme].) — Tiges radicantes à rameaux distiques, rameaux courts, garnis de feuilles légèrement distantes, à nervure médiane facile à voir; les latérales ovoïdes, petites, un peu obliques; les intermédiaires convexes, aristées; les épis sont courts et formés d'un petit nombre de feuilles lâchement appliquées. Elle a des rapports avec la *S. apus*, Spring.

7². *Type :* Jungermannioides.

10*. Jungermannioides, Spring., *l. c.*, II, p. 117. — (Rio-Janeiro, à Tijuca, Glaziou, n° 4493.) — Grande espèce élégamment pectinée. On trouve une très-bonne figure de cette plante dans l'atlas du *Dictionnaire des sciences naturelles* de Levrault, donnée par Turpin.

11. Brennii, Spring., *l. c.*, p. 119. — (Rio-Janeiro, Glaziou, n° 5216.) — Plante d'un vert très-intense, élégamment pectinée; les feuilles intermédiaires, très-longuement aristées, sont sur deux rangs.

†11². canescens, F.

Caule prostrato radicanti, striato, helveolo, ad basim denudato, ramis brevibus, bifurcatis, excurvatis; foliis lateralibus ovoideis, subobliquis, acutis, basi cordiformibus, intermediis angustioribus, ovalibus, longe acuminatis; spicis parvis.

Habitat in Brasilia fluminensi. (Glaziou, n° 4489.)

Species canescens, ramis excurvatis notata.

Icon. : *Tab. CVIII, fig. 2.*

(Longueur : 8-10 centim.)

Les radicelles sont capilliformes; elle est canescente, circonstance à peu près exceptionnelle dans le genre. Les épis (?), très-courts, sont formés de feuilles lâchement disposées en rosette. — Il serait utile de la revoir sur de plus nombreux spécimens.

9. Type : Didymostachya.

13. flexuosa, Spring., *Monogr.,* II, p. 131; F., *Crypt. vasc. Brés.,* p. 229. — (Rio-Janeiro, Glaziou, n°s 4483 et 4676.) — Feuilles intermédiaires ciliées, ovoïdes et aristées, les latérales pectinées, se succédant sans intervalle; tiges arrondies.

† 14². bella, F.

Caulibus elongatis, flexuosis, radicantibus, ramosis, foliis lateralibus ovoideo-obliquis, glabris, intermediis duplo minoribus, ovatis, aristatis, marginibus minutissime ciliatis; spicis triquetris, longissimis, vario modo curvatis, gracilibus, bracteis arcte imbricatis, carinatis, ovatis, acuminatis, acumine dentato; antheridiis oblongis, magnis; oophoridiis rotundis, papillatis.

Habitat in Brasilia fluminensi. (Glaziou, Petropolis, n° 4491, *spicis brevioribus;* Morro Queimado, n° 4504; Rio-Janeiro, *spicis longissimis,* n° 4494.)

Formosa, magna, radicellis rigidis, apice ramosis subnitidis.

Icon. : *CVIII, fig. 3.*

(Longueur totale : 36-40 centim.; rameaux latéraux, 7-8 centim.; épis, 2-4 centim.) [*Tab. XXX, fig. 3.*]

Très-belle espèce, très-prolifère; les feuilles des rameaux qui portent les épis sont beaucoup plus étroites que les caulinaires; les épis, de la grosseur d'une plume de pigeon, sont flexueux, sessiles et se dirigent tantôt en dedans de la tige et tantôt en dehors. Elle n'est pas rampante comme le *S. macrostachya,* Spring.; les feuilles intermédiaires ne sont pas marginées de blanc; les latérales sont ici obtuses et nullement *pungenti-acutis, apice tortis,* etc.[1]

† 15². geminata, F.

Caule firmulo, rigido, ramulis curvatis seu assurgentibus, omnibus ad exclusionem ramulorum superiorum fertilibus; foliis lateralibus obovatis, obtusis, basi ciliatis, apice mucronulatis, intermediis rotundatis, aristatis; spicis brevibus, semper geminatis; bracteis ovatis, brevibus, mucronatis, laxe inter se unitis.

Habitat in Brasilia fluminensi. (Serra os Orgaos, Glaziou, n° 4484.)
Foliosa ramosa, intense viridis, subtus pallidior, radicellis rigidis, albidulis.
Icon.: *Tab. CVIII, fig. 4.*

(Longueur : 16-18 centim.; rameaux principaux, 8 centim.; épis, 5-6 millim.)

Cette espèce sera facile à reconnaître à ses épis courts, ovoïdes, réunis 2 à 2 et légèrement divariqués. Les feuilles dans leur ensemble sont pectinées et couvrent la feuille de la base au sommet; elle est d'un vert intense en dessus et d'un vert plus pâle en dessous.

29*. Glaziovii, F., *Crypt. vasc. Brés.*, p. 232, T. 75, fig. 4. — (Rio-Janeiro, Glaziou, n° 4482; par le même à la Nouv. Fribourg, n° 4502, et au Alto-Macahe, n° 4503.) — Cette espèce est peut-être la plus vigoureuse du genre; les feuilles des deux ordres sont glabres; la tige est ligneuse, sillonnée et presque canaliculée, gramineuse et flexueuse. Les feuilles de la tige et celles de ses principales divisions sont étalées et toujours distantes.

NB. Les numéros sans astérisque se rapportent à l'ouvrage principal, et avec astérisque, au supplément. La synonymie porte d'ordinaire le nom du créateur de l'espèce, même quand elle a passé dans un autre genre.

I. FOUGÈRES.

I. POLYPODIACÉES.

I. ACROSTICHÉES.

1. Acrostichum, F.

I. Oligolépidées.

** Frondes ovales-lancéolées ou lancéolées.*

1. latifolium, Sw. p. 1, 1*.
2. macropodium, F. 1.
3. alismæfolium, F. 1, 2*.
† 4. (3²) Macahense, F. 2*.
5. brevipes, Kze. 2.
6. crassinerve, Kze. 2, 3*.
7. Scapellum, Mart. 2.
8. consobrinum, Kze. 2, 237.
9. Lingua, Radd. 2, 3*.
† 10. ovalifolium, F. 3.
† 11. ovatum, F. 3*.
† 12. hymenodiastrum, F. 3, 4*.
† 13. producens, F. 4*.
† 14. papyraceum, F. 4.
† 15. amplissimum, F. 5.
16. Lechlerianum, Metten. 5, 5*.
17. minutum, Pohl. 5, 5*, 237.
18. craspedariæforme, F. 261, 5*.
19. acrocarpon, Mart. 6.
20. fimbriatum, Cavan. 6.
21. Sellowianum, Presl. 6.
22. apodum, Klfss. 6.
23. scolopendrifolium, Radd. 6.
† 24. Glaziovii, F. 6, 237.
† 25. mollissimum, F. 7, 5*.
26. Plumieri, F. 7.
† 27. spissum, F. 8, 5*.
28. erinaceum, F. 8, 6*, 237.
† 29. insigne, F. 6*.
† 30. hirtipes, F. 6*, 238, 261.
† 31. omphalodes, F. 7*.

*** Frondes linéaires ou tendant à cette forme.*

32. Martinicense, Desv. 8, 7*.
33. stramineum, F. 238, 261, 8*.

† 34. rigidum, F. 7*.
35. leptophyllum, F. 8, 261.
36. durum, Kze. 8.
37. pachydermum, F. 9.
38. lineare, F. 9.
† 39. gracile, F. 8*.
40. rubiginosum, F. 9.
41. Herminieri, F. 43, 9*.
42. viscosum, Sw. 9.
† 43. acutum, F. 9*.
† 44. obliquatum, F. 261, 9*.
† 45. Beaurepairii, F. 10*.

II. Polylépidées.

† 46. prælongum, F. 9, 10*.
† 47. chrysolepis, F. 10, 10*.
48. Lindenii, Bory. 10, 261.
49. brachynevron, F. 11.
50. strictum, Radd. 11.
51. actinotrichum, Mart. 11.
52. plumosum, F. 11, 261.
† 53. elegans, F. 11*.
54. perelegans, F. 11.
† 55. viscidum, F. 12*.
† 56. angustum, F. 12.
57. Gardnerianum, Kze. 11.
† 58. Lisianum, Glaz. 13*.
59. Langsdorffii, Hook. Grev. 11, 13*, 239.
60. Meridense, Klotz. 12.
61. cuspidatum, Willd. 12, 239.
62. lepidotum, Willd. 12.
† 63. acuminans, F. 12.

***** Piloselloides.**

64. piloselloides, Presl. 13.
65. ovatum, James. 13.
66. horridulum, Klfss. 13, 14*.

APPENDICE.

67. alpestre, Gardn. 13.

2. Lomariopsis, F.

1. phlebodes, Kze. 13.
2. erythrodes, Kze. 14, 262.
3. elongata. F. 14.

3. Polybotrya, H. Bonpl.

1. osmondacea, H. Bonpl. 14.
2. caudata, Kze. 14.
3. pubens, Mart. 14.
4. acuminata, Lk. 14.
5. incisa, Lk. 14.
6. cylindrica, Klfss. 15.
† 7. frondosa, F. 15.
† 8. semi-pinnata, F. 16.

4. Rhipidopteris, Schott.

1. peltata, Sw. 16.
   var. stenophylla. 14*.

5. Olfersia, Radd.

1. cervina, H. et Grev. 16.
2. Corcovadensis, Radd. 16.

6. Soromanes, F.

1. integrifolium, F. 17.

7. Gymnopteris, Bernh.

1. nicotianæfolium, Sw. 17.
2. semi-pinnata, F. 17.
   var. β subsimplex. 17.

8. Heteronevron, F.

1. meniscioides, F. 17.
2. serratifolium, F. 17.
   var. β undulatum, F. 18.
3. Raddianum, F. 18.

9. Anetium, Splitg.

1. citrifolium, Splitg. 18.

10. Chrysodium, F.

1. vulgare, F. 18.
2. hirsutum, F. 18.
3. Danaæfolium, F. 18, 239.

II. LOMARIÉES.

11. LOMARIA, Willd.

** Frondes pinnatifides.*

1. Plumieri, Desv. 20.
2. pteropus, Kze. 20.
† 3. mucronata, F. 20.
4. Fialhoi, F. et Glaz. 239, 15*.
5. Penna-marina, Metten. 16*.

*** Frondes pinnées.*

6. Brasiliensis, Radd. 21.
7. striata, Sw. 21.
8. Regnelliana, Kze. 21.
† 9. imperialis, F. et Glaz. 21. 262.

12. BLECHNUM, L.

** Eublechnum.*

1. Lanceola, L. 22, 16*.
2. gracile, Klfss. 23, 16*.
3. unilaterale, Willd. 23, 16*.
4. asplenioides, Willd. 23.
5. triangulare, Lk. 23, 17*.
6. heterocarpon, F. 23, 17*.
7. occidentale, L. 24.
   var. β caudatum, Cav. 24.
   — γ minus, Th. Moor. 24.
8. helveolum, F. 24, 17*.
9. cognatum, Presl. 17*.
10. intermedium, Lk. 24.
11. integerrimum, Spr. 24.
† 12. mucronatum, F. 17*.
13. Lechleri, Metten. 24.

*** Mesothema.*

14. plantagineum, Presl. 24.
15. hastatum, Klfss. 24, 18*.
† 16. diplotaxicum, F. 25, 18*.

**** Blechnopsis.*

17. Brasiliense, Desv. 25.
18. serrulatum, C. Rich. 25, 18*.
19. nitidum, Presl. 19.
20. extensum, F. 26, 18*.

13. SALPICHLÆNA, J. Sm.

1. volubilis, Klfss. 26, 240.

III. VITTARIÉES.

14. VITTARIA, Sm.

** Tæniopsis.*

1. Gardneriana, F. 26, 262.
2. stipitata, Kze. 27.
3. lineata. L. 27, 19*.

*** Euvittaria.*

4. scabrida, Klfss. 27.

15. PTEROPSIS, Desv.

1. angustifolia. Sw. 27.

16. CUSPIDARIA, 27.

1. furcata, F. 27.

IV. PLEUROGRAMMÉES.

17. XIPHOPTERIS. Klfss.

1. serrulata, Klfss. 28, 19*.

18. PLEUROGRAMME, Presl.

1. linearis, Klfss. 28.
2. graminifolia, Hook. 28.
3. graminoides. Klfss. 28.
4. ? pumila, Klfss. 28.

V. LINDSAYÉES.

19. LINDSAYA. Dryand.

** Frondes simples.*

1. reniformis, Dryand. 20*.

*** Frondes divisées.*

2. rigescens, Willd. 29.
3. quadrangularis, Radd. 29.
4. trapeziformis, Dryand. 29.
5. horizontalis, Hook. 29.
6. Gardneri, Hook. 29.
7. curvans, F. 30, 20*.
8. stricta, Dryand. 30.
† 9. dentata, F. 20*.
10. Raddiana, Klotz. 30.
11. Catharinæ, Hook. 30.
† 12. ovoidea. F. 21.
13. consanguinea, F. 30.
14. Guyanensis, Dryand. 31.

VI. ADIANTÉES.

20. ADIANTUM. L.

** Synechia.*

1. macrophyllum, Sw. 31, 262.
2. platyphyllum, Sw. 31.
3. lucidum, Sw. 32.
4. Jacobinæ, F. 32.
5. pulverulentum, L. 32, 22*.
6. Claussenii, F. 32.
7. Seemanni, Hook. 22*.

*** Apotomia.*

A. *Frondes pinnées.*

8. obliquum, Willd. 32.
9. macrodon. Klfss. 32.
10. Flagellum, F. 33, 22*.
11. rhizophytum, Schrad. 33.
12. delicatulum, Mart. 33. 22*.
† 13. subaristatum, F. 33.

B. *Frondes pluripinnées.*

14. subcordatum. Sw. 33.
   var. latius, obtusum et lobatum.
15. truncatum. Radd. 34.

16. trapeziforme, L. 34.
   var. β pentadactylon. L. Fisch. 34.
17. cultratum, Hook. 34.
18. curvatum, Klfss. 34, 22*.
19. deflectens, Mart. 34.
20. sinuosum, Hook et Gardn. 35.
21. tetragonum, Schrad. 35.
22. pensile, Kze. 35.
23. intermedium, Sw. 35, 262, 23*.
24. Brasiliense, Radd. 35.
† 25. subramosum, F. 36.
26. prionophyllum, H. B. Kth. 36.
27. pectinatum, Kze. 23*.
28. rhomboideum, H. B. Kth. 36.
29. fructuosum, Kze. 36.
30. polyphyllum, Willd. 23*.
31. glaucescens, Klotz. 37.
32. proximum, Gaud. 37.
† 33. tomentellum, F. 37.
34. Æthiopicum, L. 23*.
35. angustatum, Klfss. 37.
36. gracile, F. 37.
37. hirtum, Klotz. 37.
38. calcareum, Gardn. 37.
39. incisum, Presl. 38.
40. obtusum, Desv. 38, 24*.
41. extensum, F. 38.
42. lunulatum, Burm. 38, 24*.
43. dolabriforme, Hook. 38.
44. cuneatum, Langs. Fisch. 38, 24*.
45. Capillus-Veneris, L. 38.

21. HEWARDIA, J. Sm.

1. dolosa, Kze. 39, 24*.
† 2. diphylla, F. 39.

22. CASSEBEERA, Klfss.

1. triphylla, Lmrk. 39.
2. pinnata, Klfss. 40.
3. Gleichenioides, Hook. 40.

VII. PTÉRIDÉES.

23. PTERIS, L.

**Frondes pinnées, pinnules entières.*

1. Cretica, L. var. Americana. Agh. 40. 25*.
2. litobrochioides, Klotz. 25*.

*** Frondes bi-, tri-, quadripinnées*

3. heterophylla. L. 40.
4. gracilis, F. 40, 25*.
5. quadriaurita. Willd. 40.
6. nemoralis, Willd. 262.
7. deflexa, Lk. 41.
8. Gaudichaudii, Agh. 41.
9. pilosiuscula. Desv. 41.
10. rostrata, L. 41, 262.
± 11. platychlamys. 25*.

*** *Aquilinaires.*

12. esculenta, Forst. 41, 26*.
13. arachnoidea, Klfss. 42, 26*.
14. caudata, L. 42.
15. psittacina, Presl. 42.

24. Pellæa, Lk.

A. *Doryopteridastrum.*

† 1. quinquelobata, F. 42.
2. geraniæfolia, Radd. 43.
† 3. Itatiaiensis, F. 26*.
† 4. crenulans, F. 27*.
5. lomariacea, Kze. 43.
† 6. microphylla, F. 43.
† 7. paradoxa, F. 43, 28*.

B. *Eupellæa.*

† 8. flavescens, F. 44, 262, 28*.
† 9. subsimplex, F. 44.

25. Doryopteris, J. Sm.

1. sagittifolia, Radd. 45.
2. hastata, Radd. 45, 29*.
3. Raddiana, F. 45, 29*.
   var. patula et multipartita. 45. 29*.
† 4. angularis, F. 29*.
† 5. rediviva, F. 30*.
† 6. patula, F. 30*.

26. Litobrochia, Presl.

1. splendens, Klfss. 45, 31*.
† 2. Organensis, F. 240.
† 3. præalta, F. 46.
4. Brasiliensis, Radd. 47, 262, 31*.
† 5. dissimilis, F. 31*.
6. denticulata, Sw. 47, 262, 32*.
7. leptophylla, F. 47.
8. gigantea, Willd. 47, 262, 32*.
9. decurrens, Radd. 47.
10. biformis, Splitg. 47.
† 11. horizontalis, F. 48.
† 12. sericea, F. 48, 32*.
13. angustata, F. 49, 32*.
† 14. varians, F. 49, 33*.
15. aculeata, Sw. 50.
16. polita, Lk. 50.
17. biaurita, L. 50.
18. elegans, Sw. 50, 33*.
19. pallida, Presl. 50, 33*, 241.

27. Lonchitis, L.

1. macrochlamys, F. 51.
2. Lindeniana, Hook. 51, 33*.

VIII. CHEILANTHÉES.

28. Adiantopsis, F.

1. dichotoma, Poir. 51.
2. radiata, L. 51.
3. monticola, Gard. 51.
4. spectabilis, F. 52.

† 5. obtusissima, F. 52, 34*.
6. regularis, Th. Moor. 34*.
7. incisa, Th. Moor. 34*.

29. Hypolepis, Bernh.

1. repens, L. 52, 34*.
† 2. parviloba, F. 53, 34*.
3. Dicksonioides, F. 55, 34*.
† 4. serrata, F. 53, 35*.
5. rigescens, Kze. 35*.
† 6. stolonifera, F. 35*.

30. Myriopteris, F.

1. paleacea, F. 54.

31. Aleuritopteris, F.

1. farinosa, F. 36*.

32. Cheilanthes, Sw.

1. flexuosa, Kze. 54.
† 2. glaberrima, F. 54.
3. micropteris, Sw. 54.
4. Tweediana, Hook. 55, 37*.
5. glandulifera, F. 55, 36*.
† 6. aquilinaris, F. 37*.
7. ? hirsuta, Lk. 38*.
8. ? Sellowiana, Presl. 38*.

33. Nothochlæna, Hook. Gr.

1. Pohliana, Kze. 55.
2. rufa, Presl. 55.
3. eriophora, F. 55.

34. Jamesonia, Hook et Gr.

1. scalaris, Kze. 55, 38*.
2. adnata, Kze. (*espèce tardive-ment reçue et non insérée dans le texte.*)

IX. HÉMIONITIDÉES.

35. Trismeria, Lk.

1. argentea, F. 56.

36. Nevrogramme, Lk.

1. tomentosa, Lk. 56, 38*.
2. rufa, Lk. 57.
† 3. scandens, F. 263, 39*.

X. ANTROPHYÉES.

37. Antrophyum, Klfss.

1. Cayennense, Desv. 57.
2. lineatum, Klfss. 57, 39*, 241.
3. subsessile, Kze. 57.

XI. LEPTOGRAMMÉES.

38. Pterozonium, F.

1. reniforme, F. 57.

39. Hecistopteris, J. Sm.

1. pumila, J. Sm. 58.

40. Gymnogramme, Desv.

1. asplenioides, Sw. 58, 39*.
2. polypodioides, Spreng. 58.
† 3. oppositans, F. 58.
† 4. attenuata, F. 59, 263, 39*.
5. pteridioides, F. 59.
6. Sellowiana, Metten., 39*.
† 7. patula, F. 59, 40*.
8. insignis, Metten. 40*.
† 9. expansa, F. 60.
10. myriophylla, Sw. 60.

41. Glaphyropteris, Presl.

1. decussata, L. subpolypodia. 40*.

42. Ceropteris, Lk.

1. calomelæna, Lk. 60.
2. tartarea, Lk. 60.
3. distans, Lk. 60.

43. Anogramme, Lk.

1. villosa, F. 61.
2. Chærophyllum, Desv. 41*.
3. Biardii, F. 241*.

XII. ASPLÉNIÉES.

44. Athyrium, Roth.

1. decurtatum, Presl. 61.
2. incisum, F. 41*.

45. Asplenium, L.

* *Frondes simples.*

A. *Une nervure marginale.*

1. Raddii, F. 61.

B. *Point de nervure marginale.*

2. crenulatum, Presl. 61, 263.
3. angustum, Sw. 62.

** *Frondes simplement pinnées.*

A. *Grandes formes.*

† 4. Escragnollei, F. 62, 42*.
† 5. camptocarpon, F. 62, 42*.
6. oligophyllum, Klfss. 63.

B. *Frondes de médiocre grandeur.*

7. salicifolium, L. 64, 42*.
8. cirrhatum, Cl. Rich. 64, 42*.
9. gibbosum, F. 64, 42*.
10. anisophyllum, Kze. 64.
† 11. stenocarpon, F. 64.
12. auriculatum, Sw. 65.
13. macrodon, F. 65, 43*.
14. harpeodes, Kze. 65, 43*.
15. abscissum, Willd. 43*.
16. falx, Desv. 65.
17. regulare, Sw. 66, 43*.
18. Brasiliense, Radd. 66.
19. pteropus, Klfss. 66.

20. firmum, Kze. 66, 43*.
21. alatum, H. B. Kth. 67, 43*.
22. repandulum, Kze. 67.
23. auritum, Sw. 67, 44*, 242 var. plures.
† 24. incisuratum, F. 44*.
25. rhizophorum. L. 67.
26. sanguinolentum, Kze. 67.
27. Sellowianum, Presl. 68.
28. jucundum, F. 68, 44*.
† 29. Serronii, Glaz. 68, 44*.
30. pulchellum, Radd. 68, 44*.
31. Trichomanes, L. var. Brasiliensis, 45*.

C. *Falcaria.*
32. Serra, Langsd. et Fisch. 69, 45*.
33. caudatum, Forst. 45*.
† 34. incurvatum, F. 69.
35. præmorsum, Sw. 70.
36. Schkburianum, Presl. 46.

D. *Frondes allongées, pendantes.*
37. mucronatum, Presl. 70.

*** *Frondes bi-, tripennées.*
38. Hallii, Hook. 45*.
39. sulcatum, Lmrk. 70, 46*.
40. cuneatum, Lmrk. 70, 46*.
† 41. Gastonis, F. 70.
42. trapezoides, Sw. 46*.
43. angustatum. Presl. 71.
† 44. chærophylloides, F. 71.
† 45. ovalescens, F. 72, 46*.
46. fragrans, Sw. 72.
47. pseudo-nitidum, Radd. 46*.
48. pumilum, Sw. 46*.

D. *Dareastrum.*

* *Frondes pinnées.*
49. monanthemum, Sw. 72, 47*.
50. formosum, Willd. 73, 263.

** *Frondes bi-, tri-, quadripennées.*
51. fœniculaceum, H. Bl. Kth. 73.
52. rachirhizon, Radd. 73.
53. adiantoides, Radd. 73, 263.
54. scandicinum, Klfss. 73, 47*.
55. cicutarium, Sw. 73, 263.

46. HEMIDICTYON, Presl.

1. marginatum, Presl. 73.

XIII. SCOLOPENDRIÉES.

47. ANTIGRAMME, Presl.

1. repanda, Presl. var. discreta, F. 74, 47*.
2. lancifolia, Presl. 74.
3. Douglasii, Hook. 74, 48*.
4. populifolia, Presl. 74.
5. Lageana, F. 264, 48*.

XIV. DIPLAZIÉES.

48. DIPLAZIUM, Sw.

* *Frondes simples.*

1. plantagineum, Sw. var. β serratum, F. 75, 264.

** *Frondes pinnées.*

2. Callipteris, F. 75, 48*.
3. grandifolium, Sw. 75, 48*.
† 4. dissimile, F. 76, 48*.
5. celtidifolium, Kze. 76, 48*.
† 6. parallelogrammum, F. 76. 48*.
† 7. longipes, F. 77.

*** *Frondes pinnées-pinnatifides.*

8. mutilum, Kze. 78.
9. radicans, Desv. 78.
10. Rœmerianum, Presl. 78.
11. striatum, L. 78.
12. biserratum, Presl. 78.
13. costale, Sw. 78.
14. Tussaci, F. 79.

**** *Frondes pluripinnées.*

15. ambiguum, Radd. 79.
16. expansum, Willd. 79, 264.
† 17. leptochlamys, var. β leptorachis. F. 79, 49*.
† 18. herbaceum, F. 80, 49*.
† 19. delicatulum, F. 49*.
† 20. leptocarpon, F. 80.
† 21. rostratum, F. 81, 49*.
22. remotum, F. 81.

49. DIDYMOCHLÆNA, Desv.

1. sinuosa, Desv. var. microtheca, F. 82.

XV. MÉNISCIÉES.

50. MENISCIUM, Schrad.

1. reticulatum, Sw. 83, 50*.
2. macrophyllum, Kze. 83.
3. rostratum, F. 83.
4. sorbifolium, Jacq. 83.
† 5. elongatum, F. 83.
6. sessilifolium, Pohl. 84.
† 7. longifolium, F. 84.

XVI. POLYPODIÉES.

51. GRAMMITIS, Sw.

* *Frondes entières.*

1. punctata, Radd. 85.
2. Organensis, F. 264, 51*.
† 3. Wittigiana, F. Glaz. 50*.
† 4. muscosa, F. 51*.
† 5. Fluminensis, F. 85.
6. marginella, Sw. 51*.
† 7. paucinervata, F. 51*.
8. setosa, Klfss. 51*.

** *Frondes divisées.*

9. furcata, Hook et Grev. 52*.

52. POLYPODIUM, L. emend.

* *Frondes pinnatifides.*

A. *Dressées.*

1er type : Polypodium vulgare. L.
† 1. extensum, F. 85.
† 2. gratum, F. 242.
† 3. typicum, F. 52*.
4. tenuiculum, F. 86, 265, 53*.
5. argyratum, Bory. 265 var. Brasiliensis, F. 53*.
6. Spixianum, Mart. 86.
† 7. Pleopeltidis, F. 86, 53*.
† 8. longipes, F. 53*.
9. Peruvianum, Desv. 242, 265.
† 10. repandum, F. 87, 54*.
† 11. hirsutulum, F. 87, 265, 54*.
† 12. villosum, F. 54*.

2e type : P. trichomanoides. Sw.

13. trichomanoides, Sw. 88.
14. moniliforme, Cav. 88.
† 15. angustissimum, F. 55.*
† 16. immersum, F. 88, 265, 55*.
17. blandum, F. 265.
† 18. subdicarpon, F. 55*.
19. Serricula, F. 89, 243.
† 20. exiguum, F. 89, 56*.
† 21. confluens, F. 89, 56*.
22. Organense, Metten. 90.
23. pilosissimum, Mart. Gal. 90.

3e type : P. pectinatum, L.

* *Grandes formes.*

24. pectinatum, L. 90, 56*.
25. Paradisiæ, Langs. et Fisch. 90.
† 26. Paradisiastrum, F. 90, 56*.
27. recurvatum, Klfss. 91, 56*.
28. ? otites, L. 91, 57*.
29. Plumula, Willd. 91.
† 30. robustum, F. 92, 57*.
31. meridense, Klotz. 57*.

** *Petites formes.*

32. Filicula, Klfss. 92.
† 33. heteroclitum, F. 93, 243.
34. Schkhurii, Radd. 93.
35. Pecten, F. 57*.
† 36. acrodontium, F. 58*.

4e type : P. chnoophorum, Kze.

37. chnoophorum, Kze. 93.
38. sublanosum, Hook. 93.
† 39. pilosum, F. 58*.

B. *Pendantes ; sacculus pileux.*

40. pendulum, Sw. 93.
41. suspensum. L. 93.

42. cultratum, Willd. 94, 243.
† 43. ciliare, F. 94, 59*.
† 44. ovalescens, F. 94, 59*.
45. semi-adnatum, Hook. 95, 59*.
46. apiculatum, Kze. 95.

** *Frondes pinnées-pinnatifides.*

45. achilleæfolium, Klfss. 59*.

53. PHEGOPTERIS, F.

* *Frondes pinnées-pinnatifides.*

A. *Fr. plus ou moins étroites.*

1. prionitis, Kze. 96.
2. Tijuccana, Radd. 96.
3. flavo-punctata, Klfss. 96, 59*.
4. Blanchetiana, F. 97.
† 5. Fluminensis, F. 97.
† 6. oreopteridastrum F. 97.
7. pubescens, Radd. 98.
† 8. tricholepis, F. 98.
9. rivulorum, Radd. 98.
10. falciculata, Radd. 99.
11. pteroidea, Klotz. 60*.

B. *Frondes larges.*

12. macroptera, Klfss. 99.
† 13. tenuis, F. 99.
† 14. denticulata, F. 100.
† 15. heterocarpa, F. 100.
* 16. brevinervis, F. 243.

** *Frondes bi-, tripennées.*

17. splendida, Klfss. 101. 60*.
18. connexa, Klfss. 101, 60*.
19. canescens, Kze. 101.
20. subincisa, Mart. 101.
† 21. camptocaulon, F. 60*.
22. mollivillosa, F. 101.
23. caudata, Klfss. 102.
† 24. scrobiculata, F. 102.
25. eriopodia, F. 102.
† 26. adnata, F. 103.
27. propinqua, F. 103.
28. hirsuta, Baker. 61*.

*** *Frondes pluripennées.*

29. spectabilis, Klfss. 103.
30. epireoides, F. 104.
31. divergens, Sw. 104, 61*.
† 32. marginans, F. 104.

54. GONIOPTERIS, Presl.

1. prolifera, Klfss. 105.
2. tetragona, Presl. 105.
† 3. macrocladia, F. 106.
† 4. platypes, F. 106.
† 5. hastata, F. 107, 61*.

55. GONIOPHLEBIUM, Presl.

* *Polylépidées (polypodiastrum).*
1. incanum, J. Sm. 107.
2. microlepis, F. 107.

3. ceteraccinum, F. 107.
4. lepidopteris, Th. Moor. 108.
5. hirsutissimum, F. 108, 265, 62*.

** *Oligolépidées (Eugoniophlebium).*

A. *Frondes pinnatifides.*

6. xiphophorum, Kze. 108.
7. Catharinæ, J. Sm. 108.
† 8. pictum, F. 244.
9. pectinatum, J. Sm. 108.
10. latipes, J. Sm. 108, 62*.
11. lætum, J. Sm. 109, 62*.
12. loriceum, J. Sm. 109.
13. chnoodes, Spreng. 109.
† 14. pectinans. F. 109.
† 15. g. ammatoides, F. 110, 63*.
† 16. demissum, F. 63*.

B. *Frondes pinnées.*

17. meniscifolium, Langs. Fisch. 110, 63*.
18. neriifolium, Schk. 110.
† 19. excelsior, F. 244.
20. fraxinifolium, Jacq. 111.
21. dissimile, L. 111, 64*.
22. albo-punctatum, J. Sm. 111, 64*.
23. hirsutulum, Th. Moor. 111.
24. rhizocaulon, Presl. 112.
25. elatius, Th. Moor. 112, 64*.
26. articulatum, Presl. 112.
† 27. Gauthieri, F. 112.

56. CAMPYLONEVRON, Presl.

* *Frondes simples.*

A. *Nervation à une seule courbe.*

1. angustifolium, F. 113, var. tenerum, Glaz.

B. *Nervation à deux courbes.*

2. tæniosum, F. 113.
† 3. leuconevron, F. 113.
4. lucidum, Th. Moor. 114, 64*.

C. *Nervation à trois ou quatre courbes.*

5. fasciale, Presl. 114.
† 6. fallax, F. 114, 245.

D. *Nervation à quatre ou cinq courbes.*

7. repens, Presl. 115, 64*.
8. decumanum, F. 115.

E. *Nervation à cinq ou six courbes.*

9. Phyllitidis, Presl. 115, 65*.
† 10. acrocarpon, F. 115.

F. *Nervation à sept ou huit courbes.*

11. crispum, F. 116.

G. *Nervation à neuf ou dix courbes.*

12. nitidum, Presl. 116.

H. *Nervation à dix ou douze courbes.*

13. latum, Th. Moor. 116, 65*.

** *Frondes pinnées.*

A. *Nervation à cinq ou six courbes.*

14. decurrens, Presl. 116.

B. *Nervation à huit ou neuf courbes.*

† 15. juglandifolium, F. 117, 265.

57. CHASPEDARIA. Lk.

1. piloselloides, F. 118.
2. auriseta, F. 118, 65*.
3. Gestasiana, F. 118.
4. ciliata, Lk. 118.
† 5. camptocarpa, F. 65*.
6. vaccinifolia, Lk. 118.
† 7. cordifolia, F. 118.
† 8. crispata, F. 119, F. 66*.
† 9. grandis, F. 119, 66*.

58. CHRYSOPTERIS, Lk.

1. aurea, Lk. 120.
2. areolata, Lk. 120.
3. Martinicensis, F. 120.
4. pulvinata, Lk. 120.
5. Raddiana, F. 120.

59. DRYNARIA, Bory.

* *Frondes simples.*

1. percussa, F. 120. 66*.
2. exul, Metten, 67*.
3. Moricandii, Mett. 121.
4. Schomburgkiana, Kze. 121.
5. lepidota, Schlech. 121, 245, 67*.
6. elongata, F. 121.
7. Linbergii, Mett. 67*.
8. iteophylla, F. 121, 67*.
9. persicariæfolia, F. 121.
10. acuminata, F. 122.

** *Frondes pinnatifides.*

11. Raddiana, F. 122.

60. PLEURIDIUM, F.

1. crassifolium, F. 123.

61. HETEROPTERIS. F.

† 1. Doryopteris, F. 123, 67*.

XVII. CYCLODIÉES.

62. POLYSTICHUM, Roth.

I. Eupolystichum.

§ 1. Mutiques : *Tectaria*, Cav.

1. coriaceum, Schott, et les var.
platychlamys, acuminatum et
callochlamys. 124, 68*.
† 2. remotum, F. 125.
† 3. quadrangulare, F. 68*.

§ 2. *Aristées.*

† 4. aculeatum, Roth. 125.
† 5. microsorium, F. 125.
† 6. Rochaleanum, F. 69*.

II. Phegopteroides.

† 7. lanosum, F. 126, 69*.
8. caudatum, Cav. 127, 69*.
† 9. Tijucense, F. 127.
† 10. giganteum, F. 127.
† 11. aculeolatum, F. 128.
† 12. platylepis, F. 129, 70*.
† 13. longecuspis, F. 129.
14. platyphyllum, Willd. 130.
15. crispatum ¹, F. (non décrite).

63. PHANEROPHLEBIA, Presl.

† 1. aurita, F. 70*.

64. HEMICARDION, F.

1. Nephrolepis, F. 70*.

65. CYCLODIUM, Presl.

1. meniscioides, Presl. 71*.

66. CYRTOMIUM, Presl.

1. abbreviatum, F. 131.

67. BATHMIUM, Lk.

1. plantagineum, F. 131.

XVIII. ASPIDIÉES.

68. ASPIDIUM, Sw. emend.

A. *Indusium glabre.*

† **Oochlamys,**

1. rivulorum, Radd. 131, 71*.
2. conterminum, Desv. 132.
† 3. helveolum, F. 132, 74*.
† 4. elatior, F. 132.
† 5. platyrachis, F. 71*.
6. Berteroanum, F. 133.

†† **Euaspidium.**

* *Frondes pinnées.*

7. Imrayanum, Hook. 133.
8. brachynevron, F. 133.

** *Frondes pinnées-pinnatifides.*

9. vestitum, Radd. 134.
† 10. tenerrimum, F. 134, 74*.
11. falciculatum, Radd. 135.
12. Filix-mas, L. 135.
13. parallelogrammum, Kze. 135, 72*.
† 14. basilare, F. 135.
† 15. nervatum, F. 136.

¹ Espèce tardivement reçue qui pendant la vie se présente crépue dans toutes ses parties.

† 16. eriocaulon, F. 136, 75*.
† 17. amaurolepis, F. 137, 75*.
† 18. Isabellinum, F. 137.
† 19. nephrodioides, F. 138, 75*.

*** *Frondes tri-ternées.*

20. cicutarium, Willd. 138.

**** *Frondes bi- ou pluripinnées.*

† 21. flexuosum, F. 138, 75*.
† 22. biforme, F. 139, 75*.
23. acutum, Hook. 139.
† 24. crenulans, F. 139.
25. consobrinum, F. 140.
† 26. phæochlamys, F. 140, 75*.
† 27. ramosum, F. 141, 75*.
† 28. macrum, F. 141.
† 29. latissimum, F. 142, 75*.
† 30. Dicksonioides, F. 143.
31. furcatum, Klotz. 143.

B. *Indusium villeux.*

32. patens, Radd. 143, 72*.
33. conspersum, Schrad. 143, 72*.
34. oligocarpon, Willd. 144.
35. Germani, L'herm. 144.
36. violascens, Lk. 144.
37. Kaulfussii, Lk. 144.
38. ctenitis, Lk. 144.
39. tetragonum, Hook. 144.
† 40. sericeum, F. 144.
† 41. Tijucense, F. 72*.
† 42. rivularioides, F. 145.
† 43. quadrangulare, F. 145.
44. pubescens, Radd. 73*.
† 45. eriosorus, F. 73*.

††† *Espèces se rapprochant des Polystichum.*

† 46. gracilipes, F. 146, 74*.
47. tenerum, F. 147.
48. denticulatum, Sw. 147, 74*.
49. amplissimum, Hook. 147.

69. CYSTOPTERIS, Bernh.

1. Brasiliana, Presl. 147.
2. emarginulata, Presl. 147.

70. LEPIDONEVRON, F.

1. longifolium, F. 147.
2. obtusatum, F. 147.
3. rufescens, F. 148, 76*.
4. sesquipedale, F. 148.

71. OLEANDRA, Cav.

1. nodosa, Presl. 148.
2. hirta, Brak. 77*.

72. NEPHRODIUM, Rich.

1. molle, Schott. 148, 77*.
2. Pohlianum, Presl. 148, 77*.
3. chrysolobum, Lk. 149.

73. SAGENIA, Presl.

1. sorbifolia, Presl. 149.

74. CARDIOCHLÆNA, F.

1. macrophylla, Sw. 149.
2. pilosa, F. 150.

XIX. NÉPHROLÉPIDÉES.

75. NEPHROLEPIS, Schott.

1. exaltata, Schott. 150, 77*.
2. Schkhurii, Lk. 150.
3. pendula, F. 151.
4. intermedia, F. 151.
5. neglecta, Kze. 151.
6. tuberosa, Presl. 77*.
7. biserrata, Sw. 78*.

76. SACCOLOMA, Klfss.

1. elegans, Klfss. 151.

XX. DAVALLIÉES.

77. MICROLEPIA, Presl.

* *Frondes bipinnées.*

1. Fluminensis, F. 151, 76*.
2. lindsayæformis, F. 152.

** *Frondes tri- ou pluripinnées.*

3. inæqualis, F. 152.
4. distans, F. 152.
5. polypodioides, Presl. 152.

78. DAVALLIA, Sm.

1. Corcovadensis, Lodd. 152.
2. Schimperi, Hook. 78*.
3. Sprucei, Hook. et Baker. 78*.

79. STENOLOMA, F.

1. bifida, Klfss. 153.
† 2. Glaziovii, F. 153, 79*.
3. gratissima, F. 153.

XXI. DICKSONIÉES.

80. DICKSONIA, Lher.

1. cicutaria, Sw. 154, var. plures. 154.
2. rubiginosa, Klfss. 154.
3. dissecta, Sw. 154.
4. cicutarioides, F. 155.
5. apiifolia, Sw. 155, 79*.

81. BALANTIUM, Presl.

1. Sellowianum, Presl. 155, 79*.
2. Martianum, Klotz. 155.

XXII. ALSOPHILÉES.

A. *Eualsophilées.*

82. ALSOPHILA, R. Br.

* *Segments à marge dentée ou à peine dentés au sommet.*

1. Miersii, Hook. 156.
2. procera, Klfss. 156.

III. HYDROPTÉRIDÉES.

I. Salviniacées.

II. Marsiléacées.

IV. ÉQUISÉTACÉES.

1. EQUISETUM, L.

TABLE ALPHABÉTIQUE DES MATIÈRES.

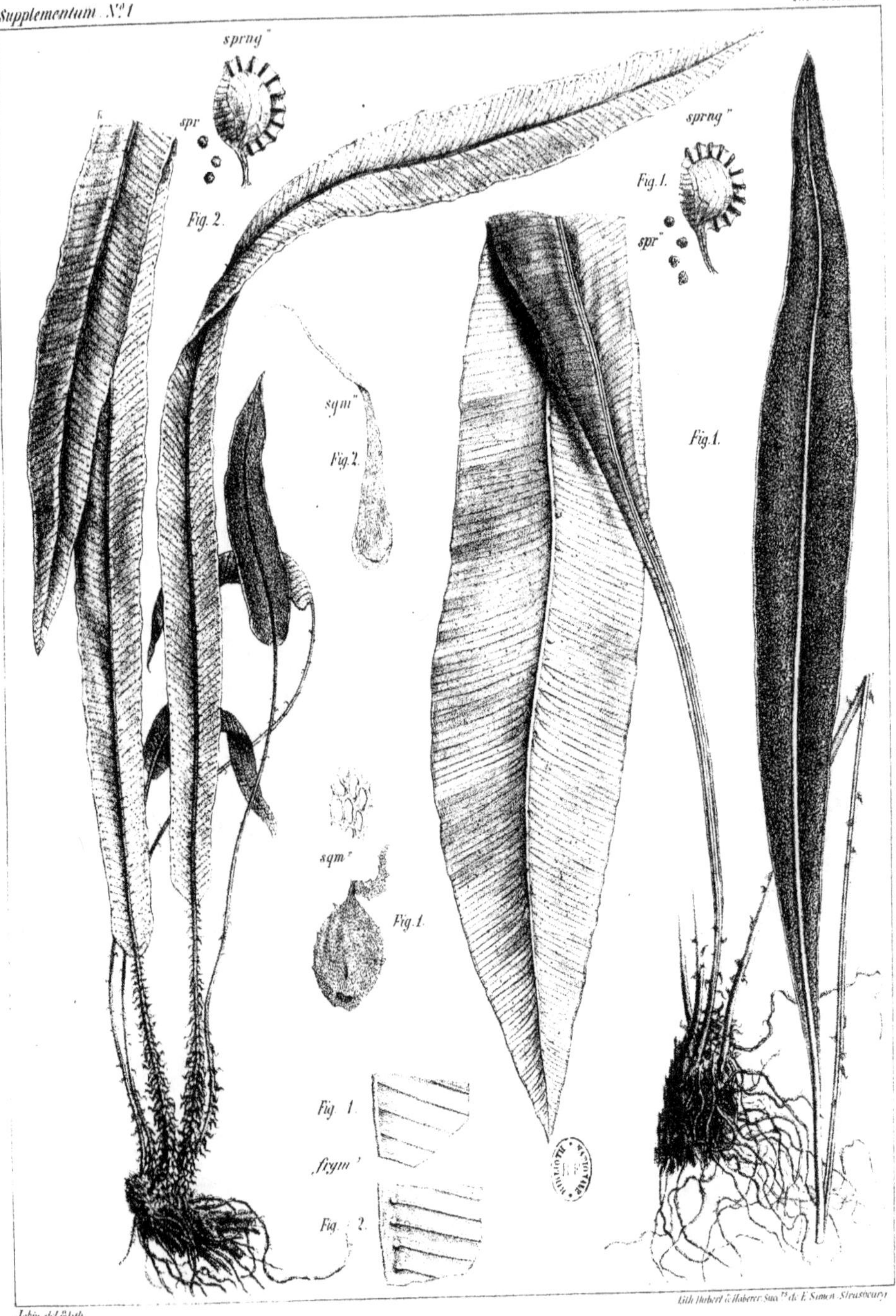

Jobin. del et lith.

Lith. Hubert & Haberer Succ.rs de E. Simon Strasbourg.

Fig. 1. **Acrostichum** *Macedense. F.*   Fig. 2. **Acrostichum** *Beaurepairii. F.*

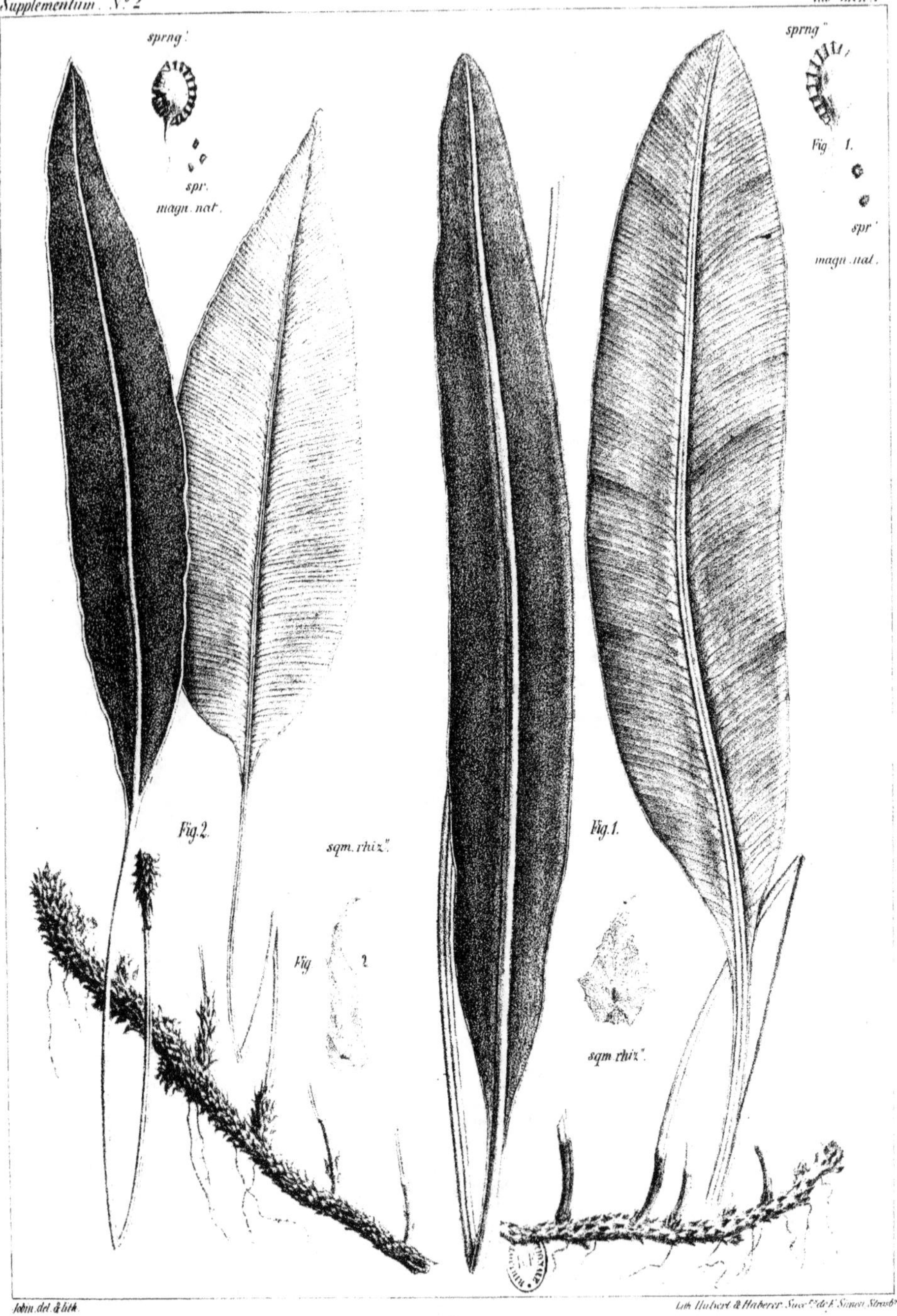

Fig. 1. **Acrostichum** *producens, F.* | *Fig. 2.* **Acrostichum** *ovatum . F.*

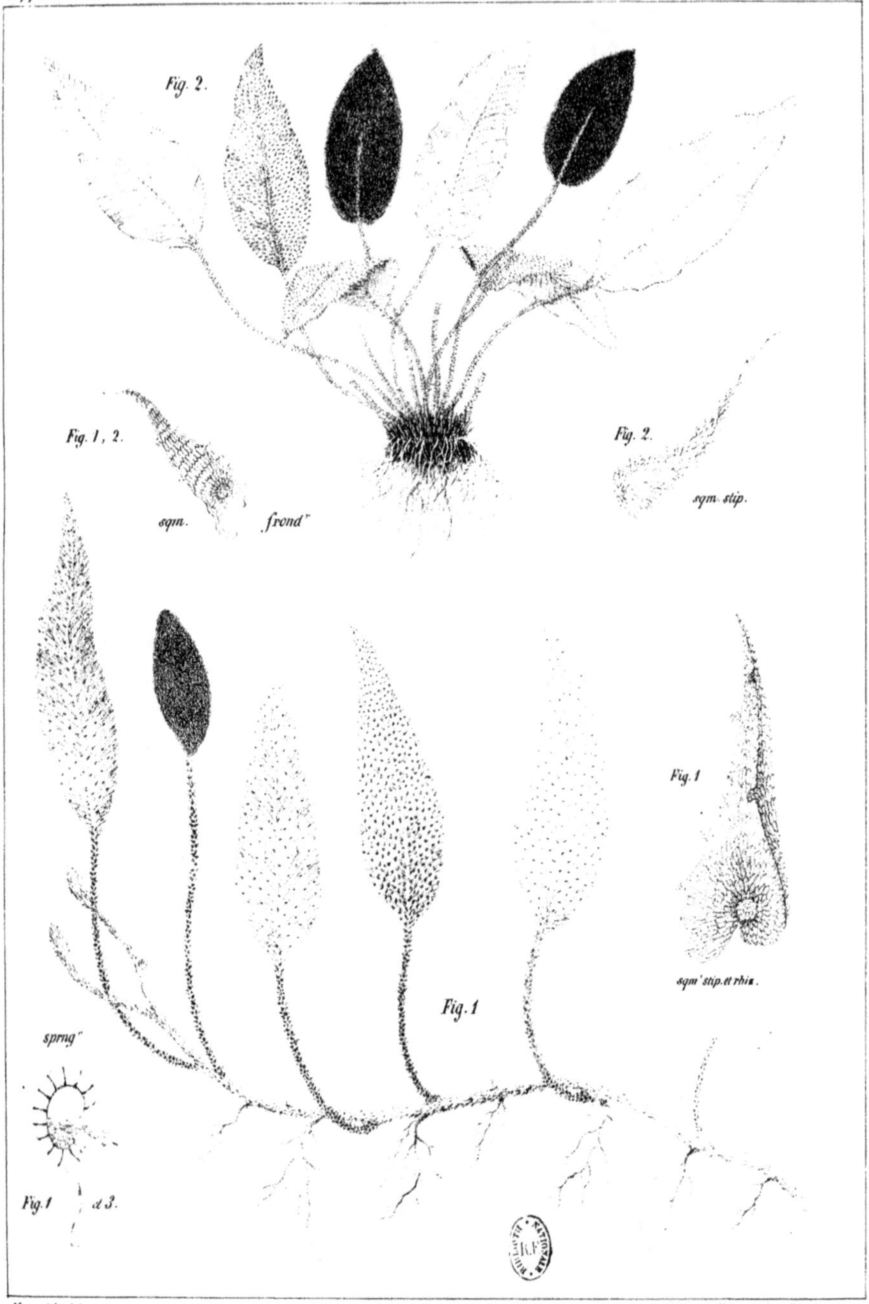

Meyer. del et lith.   Lith. Hubert & Haberer Sacc.ʳˢ de F. Simon Strasb.ᵍ

Fig. 1 **Acrostichum** *craspedariæforme F.*   Fig. 2 **Acrostichum** *omphalodes. F.*

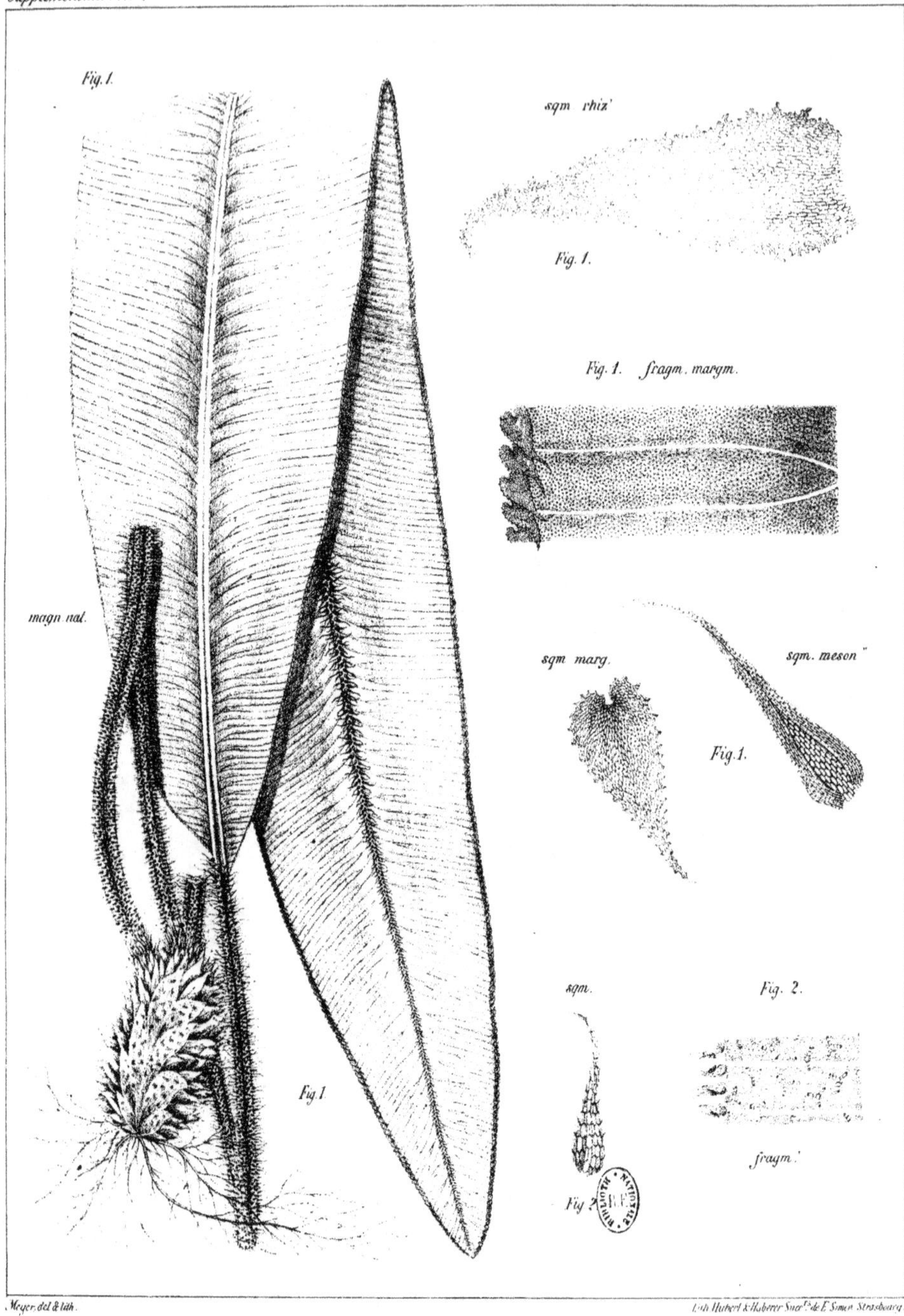

Fig. 1. **Acrostichum** *insigne . F .*   *Fig.2.* **Acrostichum** *crinaceum F. (fragmentum ad comparandum.*

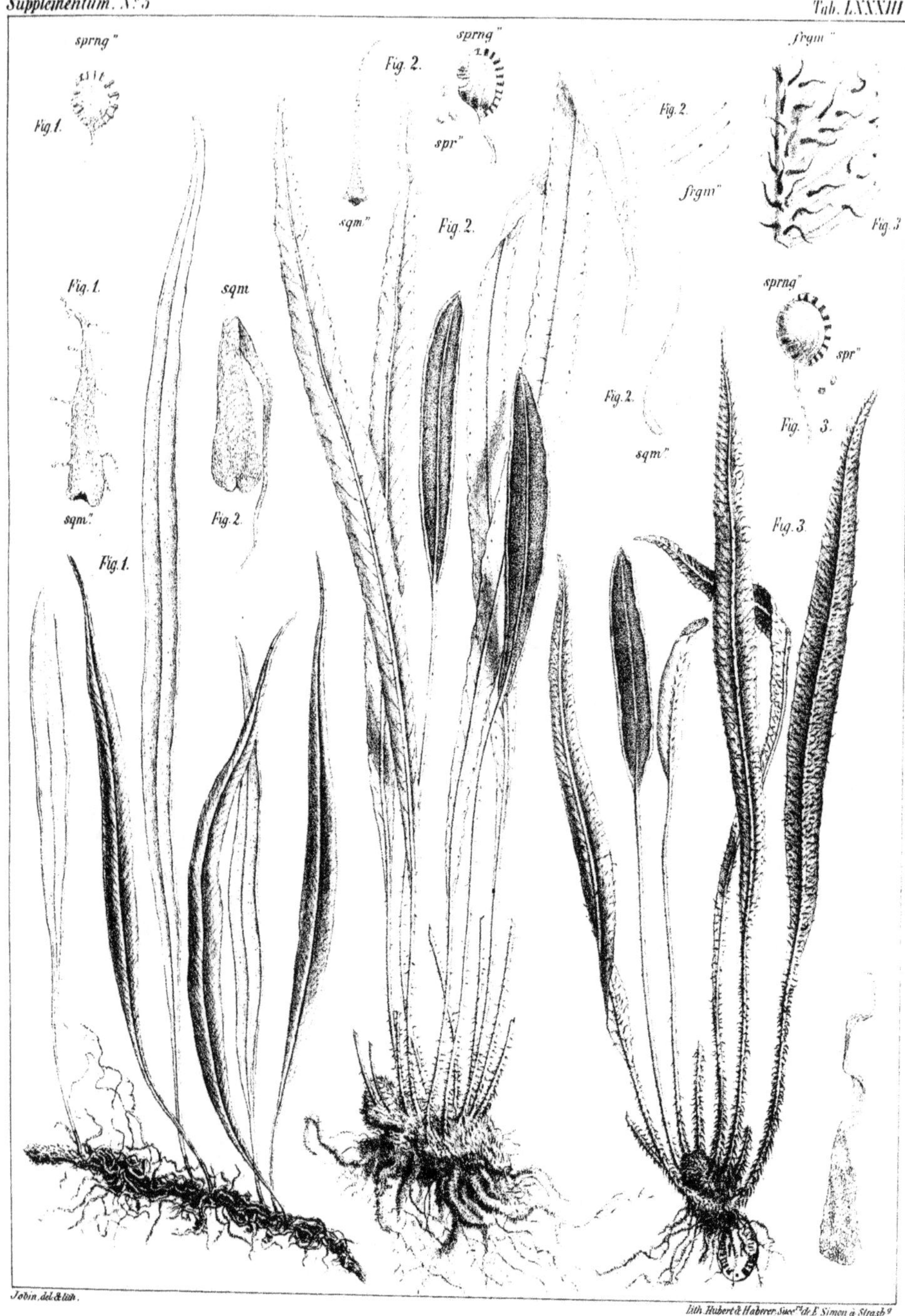

Jobin. del. & lith.   Lith. Hubert & Haberer Succrs de E Simon à Strasbg

Fig.1. **Acrostichum** *rigidum. F.*   Fig.2.**Acrostichum** *gracile . F.*
Fig.3. **Acrostichum** *acutum ,F.*

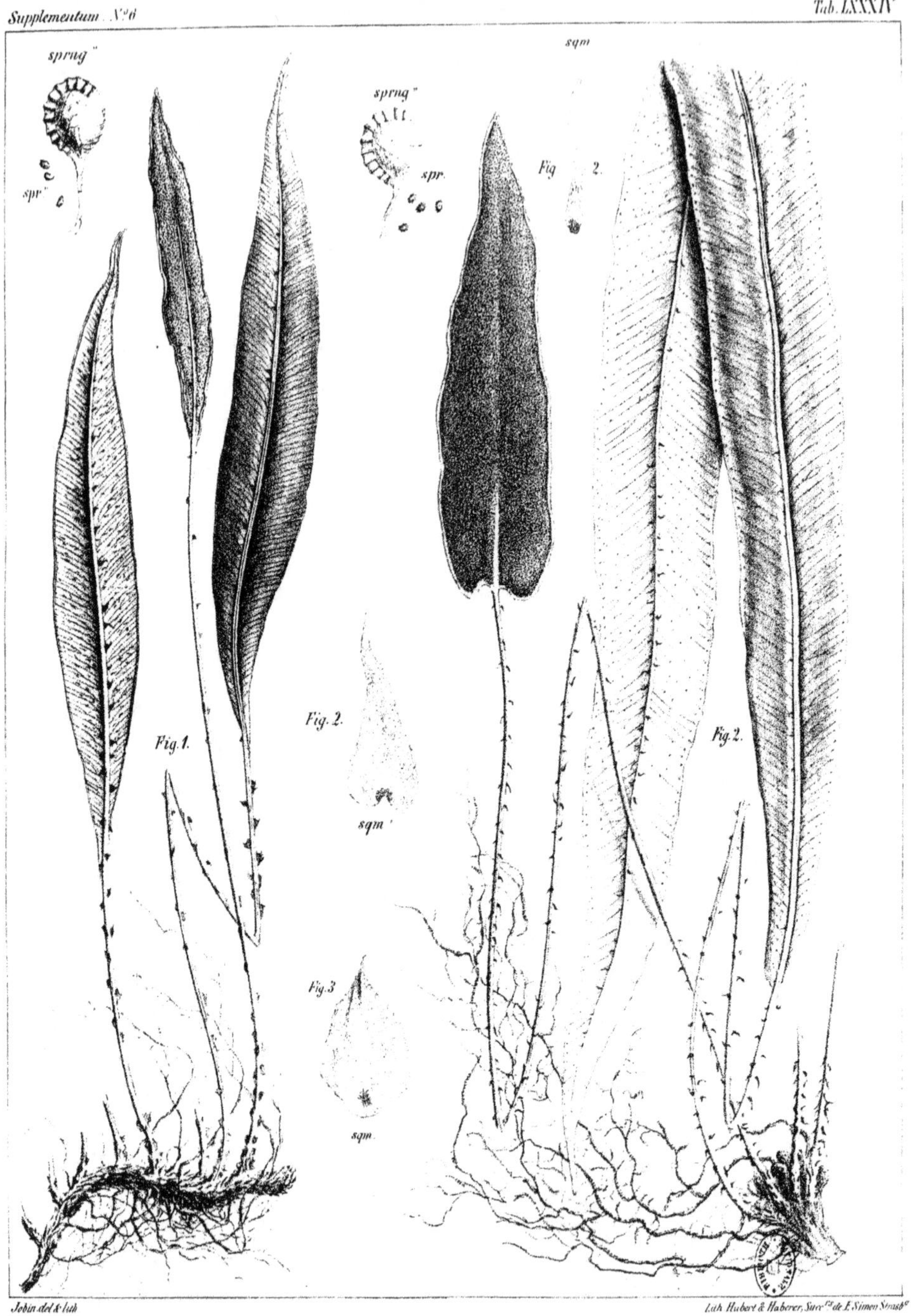

Fig.1. **Acrostichum** *obliquatum. F.*   Fig.2. **Acrostichum** *stramineum. F.*

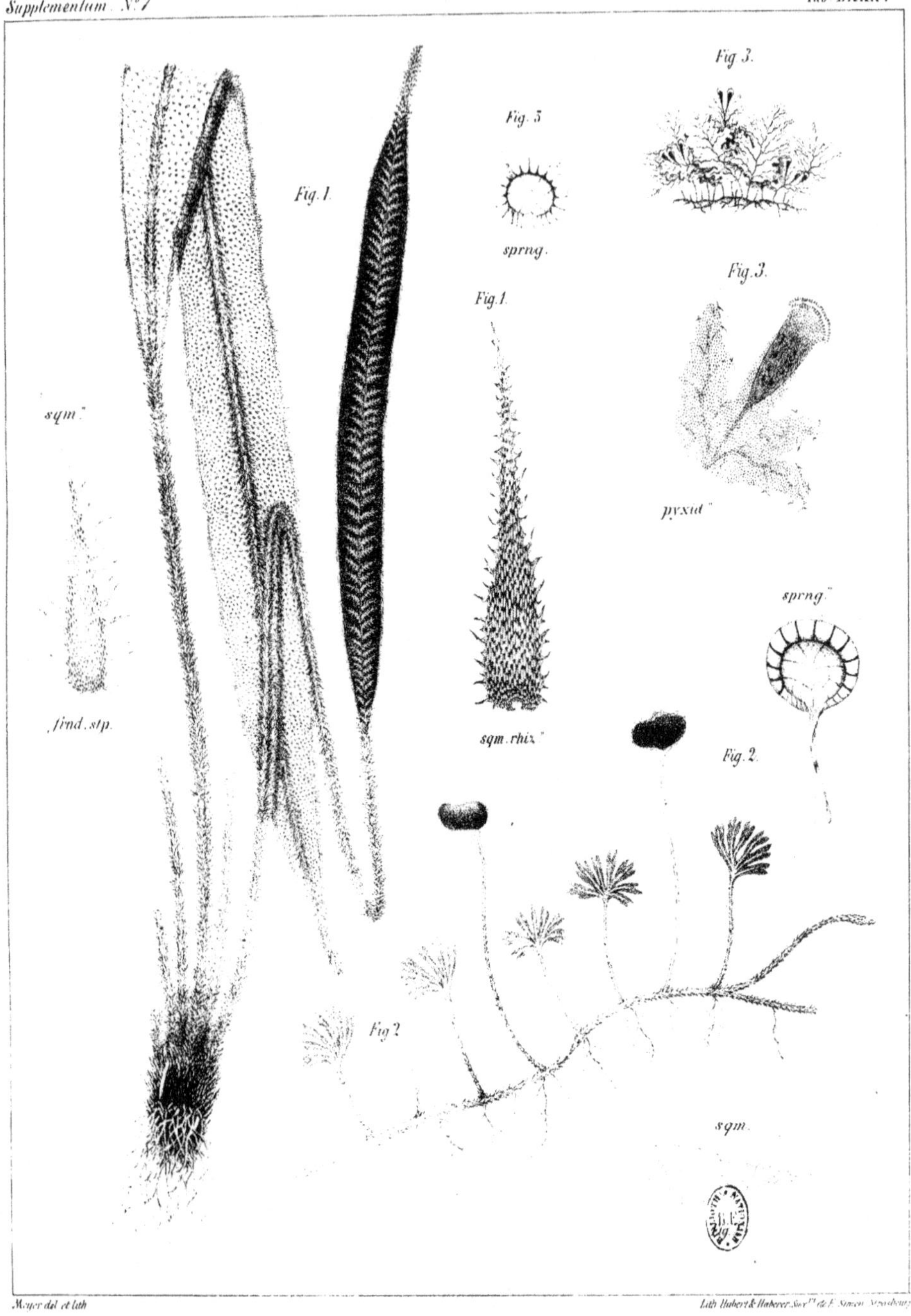

Meyer del. et lith.

Lith. Hubert & Haberer. Suc.rs de F. Simon Strasbourg.

Fig. 1. **Acrostichum** *elegans* .F.   Fig. 2. **Rhipidopteris** *peltata* .Schott. var: stenophylla .F.
Fig. 3. **Didymoglossum** *sociale* .F.

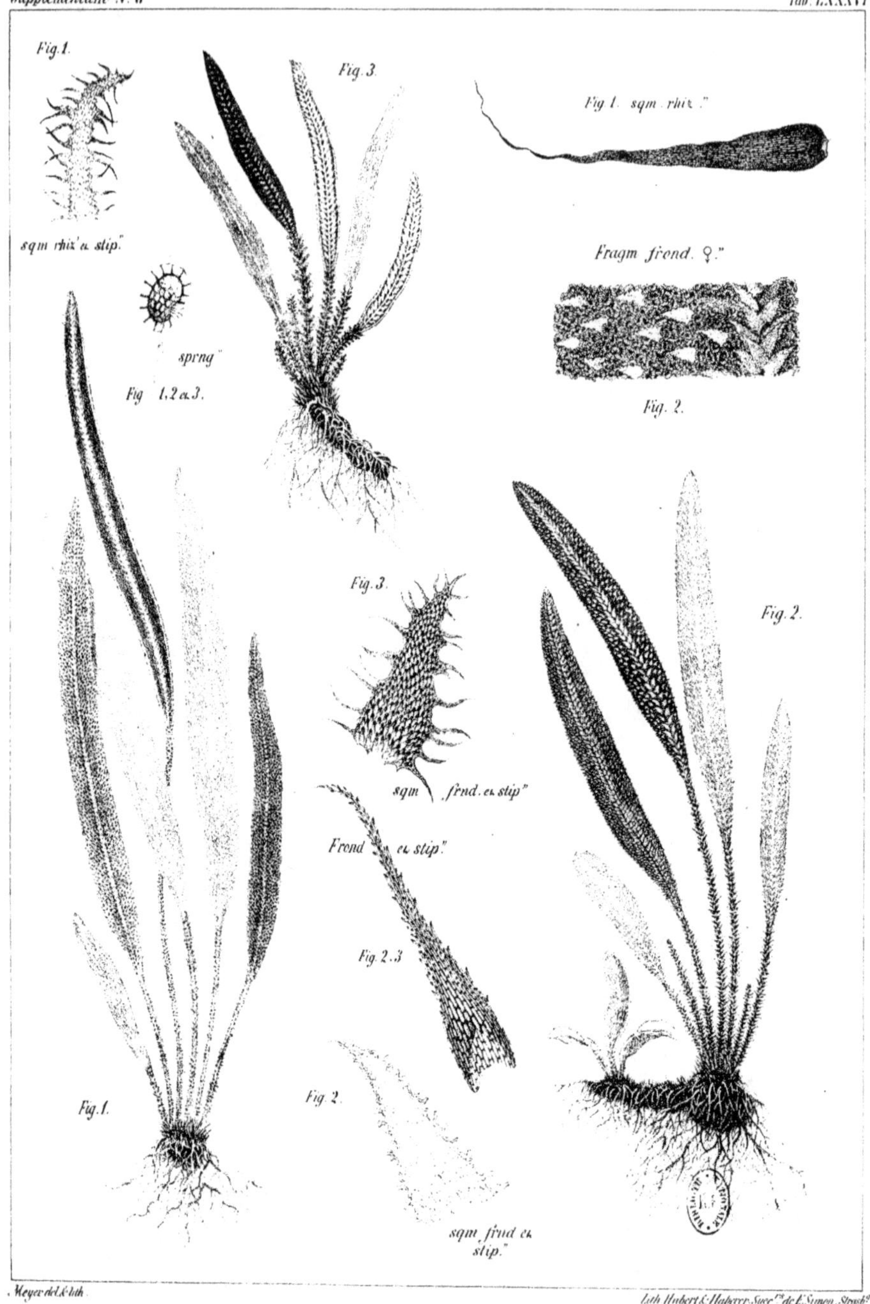

Fig.1. **Acrostichum** *viscidum . F.*   Fig.2. **Acrostichum** *Liaisianum, Glaz.*

Fig.3. **Acrostichum** *angustum , F.*

Sellow del. & lith.

Lith. Huber & Haberer, Succ.r d.r F. Sinner, Strasb.g

Fig. 1. **Lindsaya ercidca** F. | **Lindsaya** dentata F.
Fig. 3. **Pellæa** crenulans F.

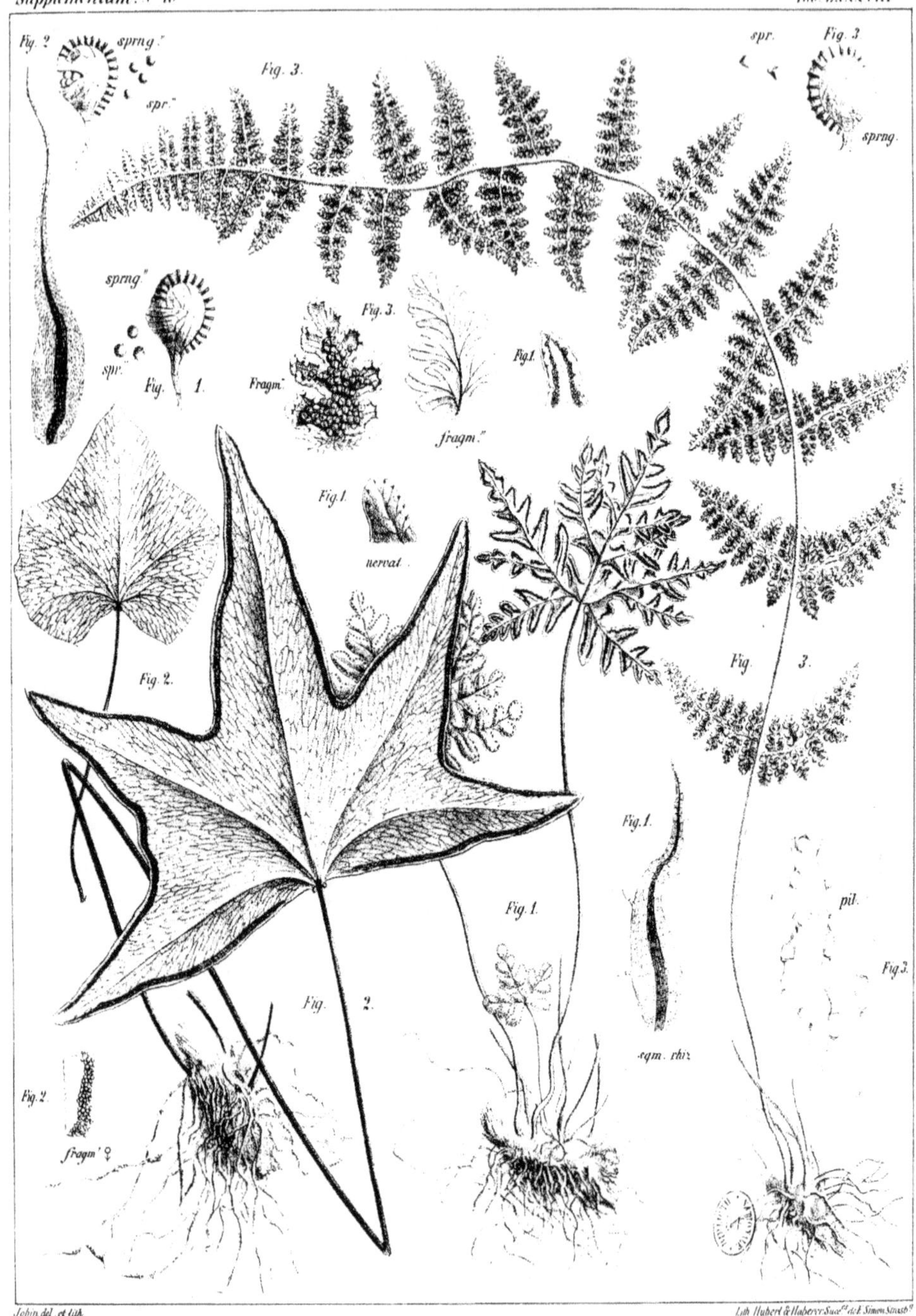

Fig. 1. **Pellæa** *Itatiaiensis. F.*   *Fig. 2.* **Doryopteris** *angularis. F.*
Fig. 3. **Cheilanthes** *glandulifera. F. (Raca. S. 403.)*

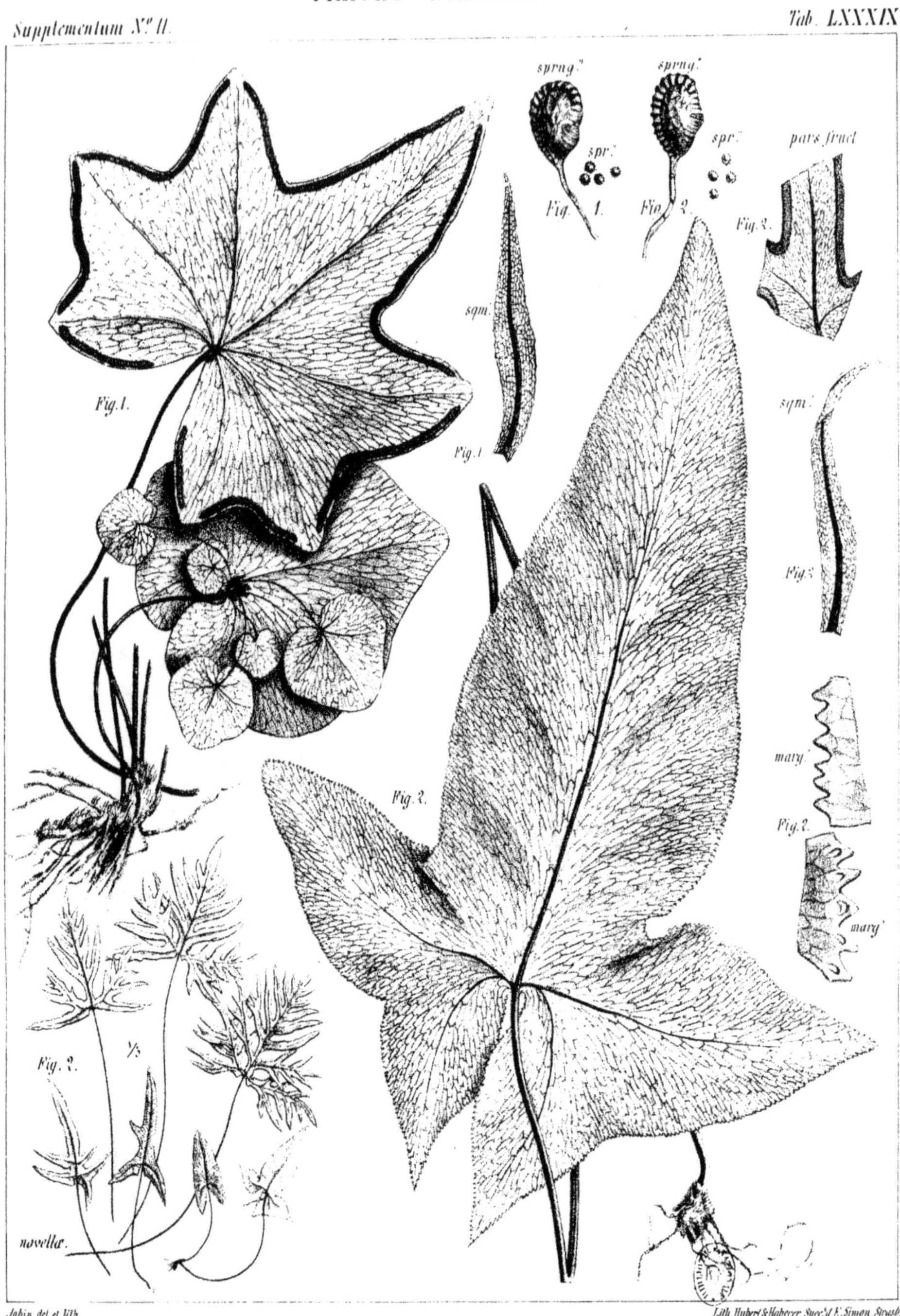

Fig. 1. **Doryopteris** *rediviva*, F. | Fig. 2. **Doryopteris** *patula*, F.

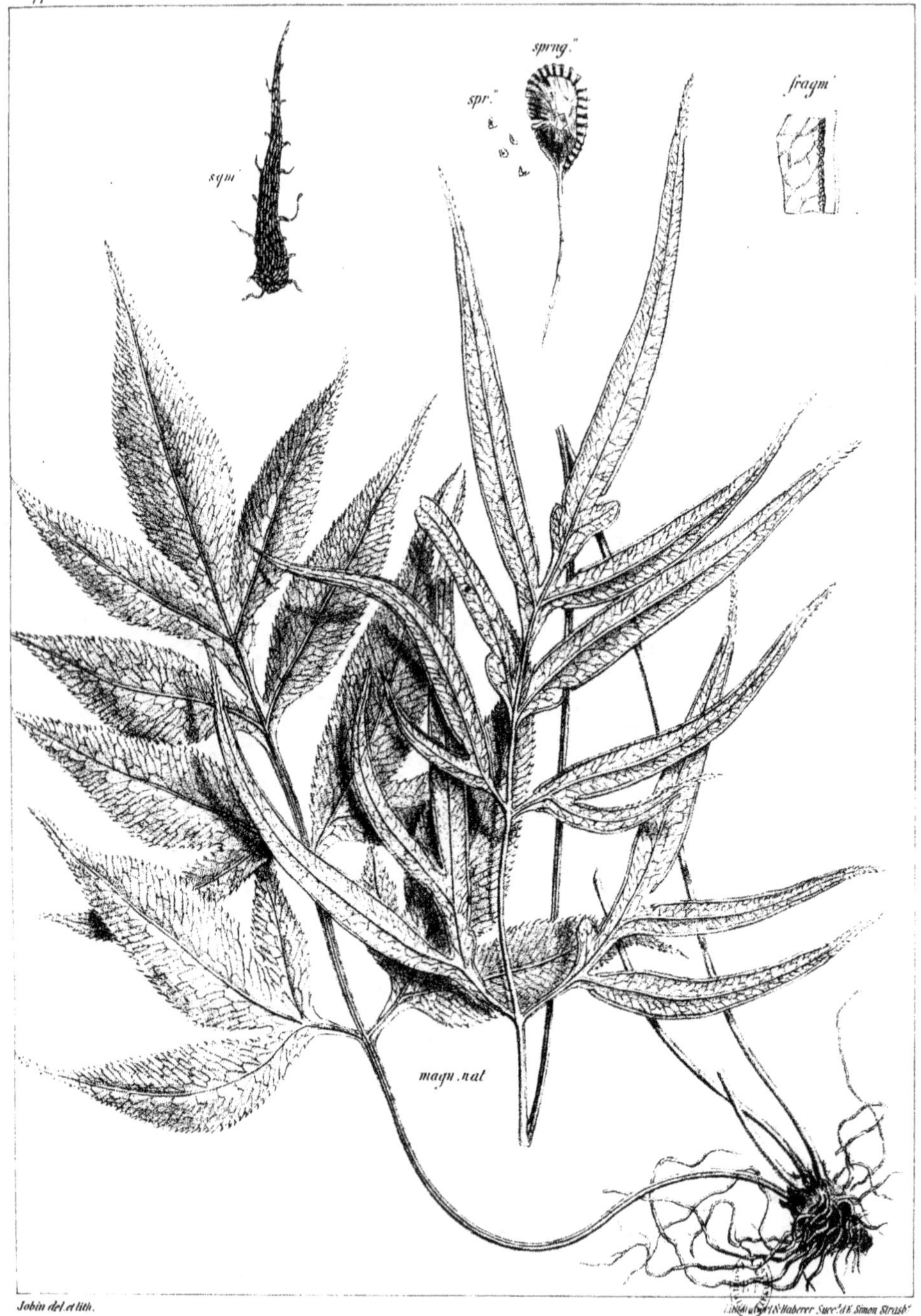

Sobin del. et lith.

Lith. druck & Haberer Succ.d E. Simon Strasb.

Litobrochia *dissimilis, F.*

Fig. 1. **Cheilanthes** *aquilinaris.* F.   *Fig. 2.* **Cheilanthes** *stolonifera.* F.

Jobin del et lith.

Lith. Hubert & Haberer, Succ.d'F. Simon. Strasb.

Nevrogramme scandens, F.

Athyrium *incisum, F.*

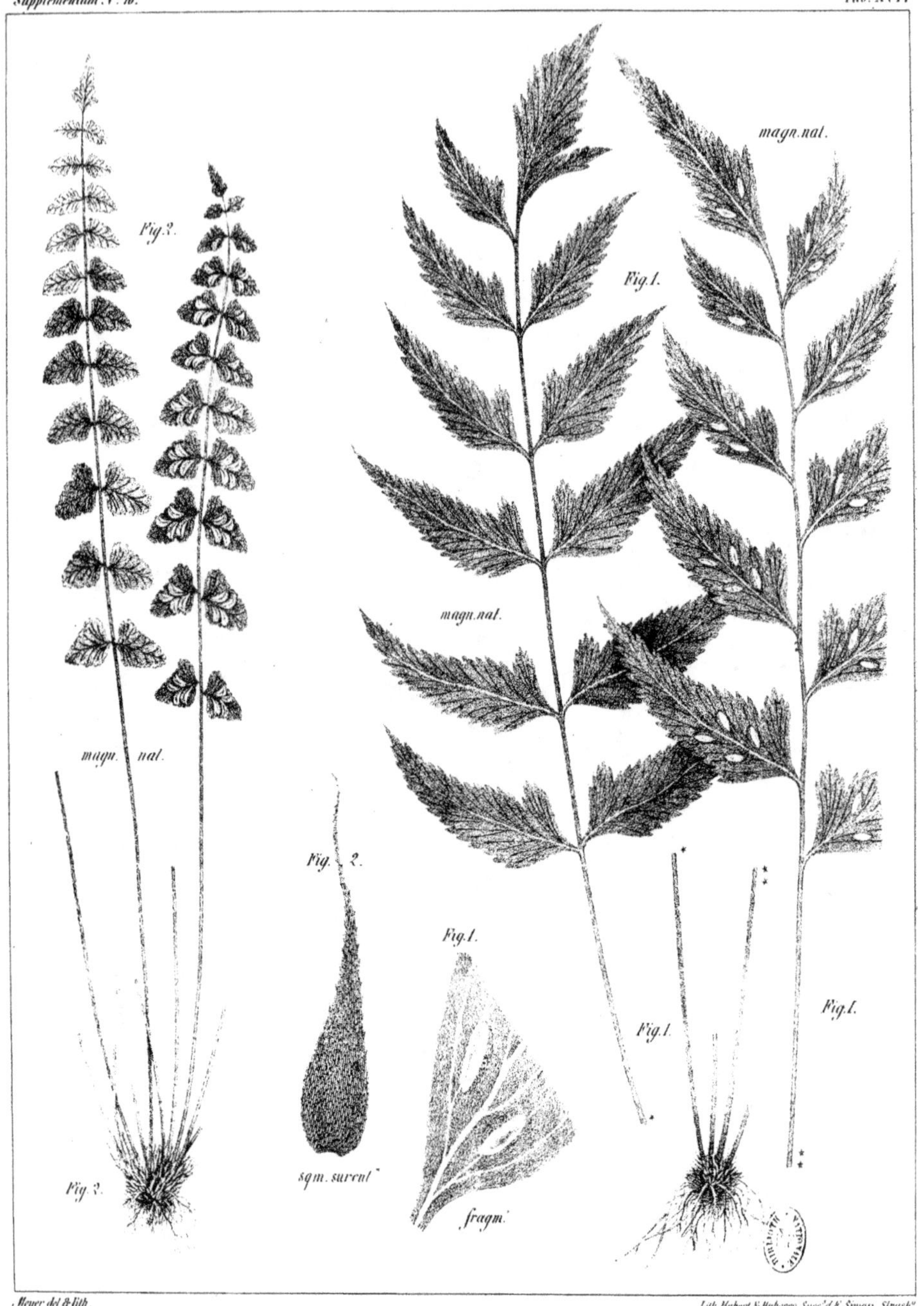

Meyer del & lith.

Lith. Huber & Huberer Succ.d F. Simon. Strasb.

Fig.1. Asplenium *incisuratum, F* ‖ *Fig.2.* Asplenium *Trichomanes. L.*

var. Brasiliensis.

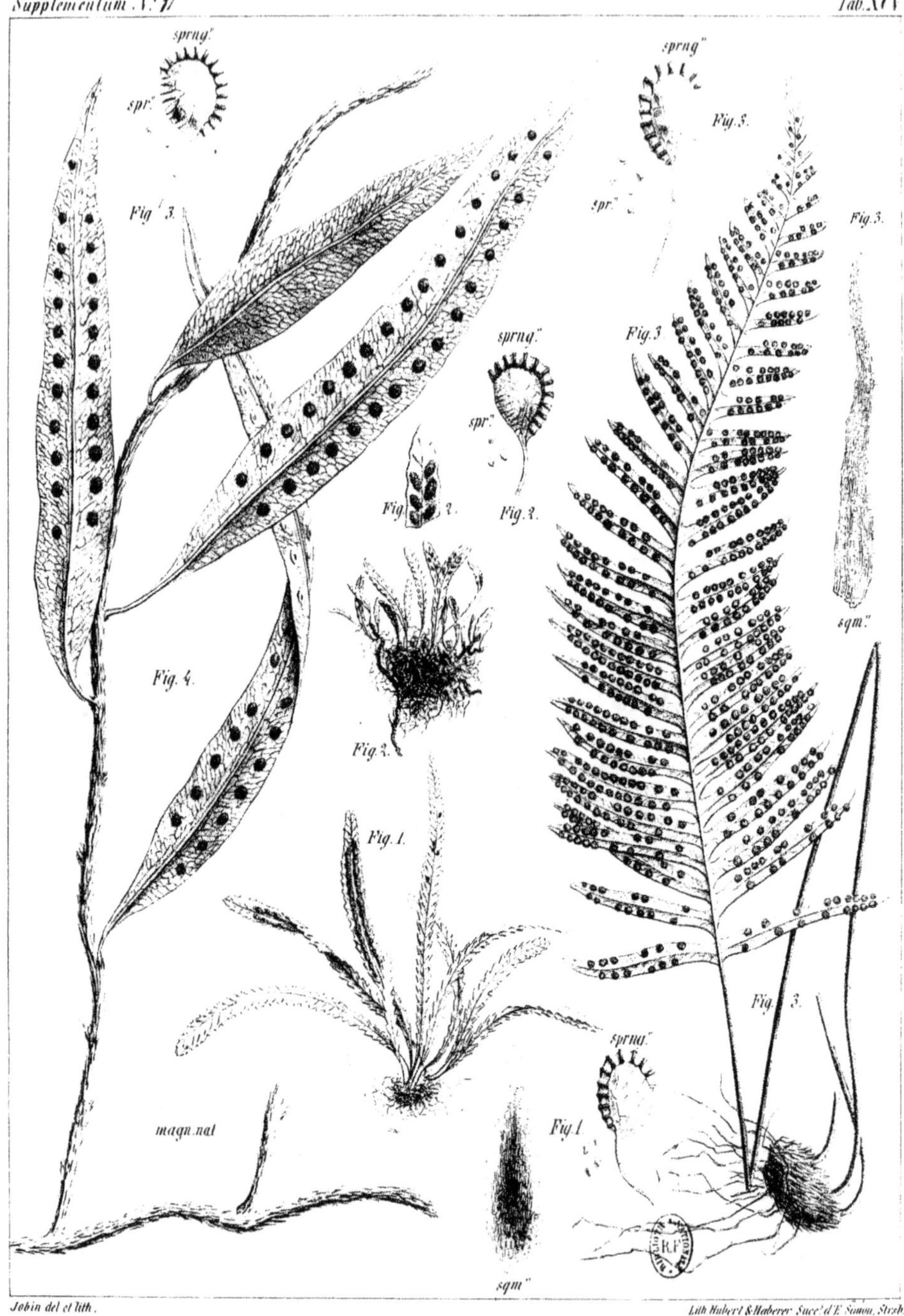

Jobin del et lith.

Lith Hubert & Heberer Succ.ᵈ d'E Simon, Strsb.

Fig.1. Grammitis *willigiana* F et Gl.

Fig.3. **Polypodium** *longipes*. F.

Fig.2. Grammitis *muscosa*. F.

Fig.4. **Drynaria** *ileophylla*. F.

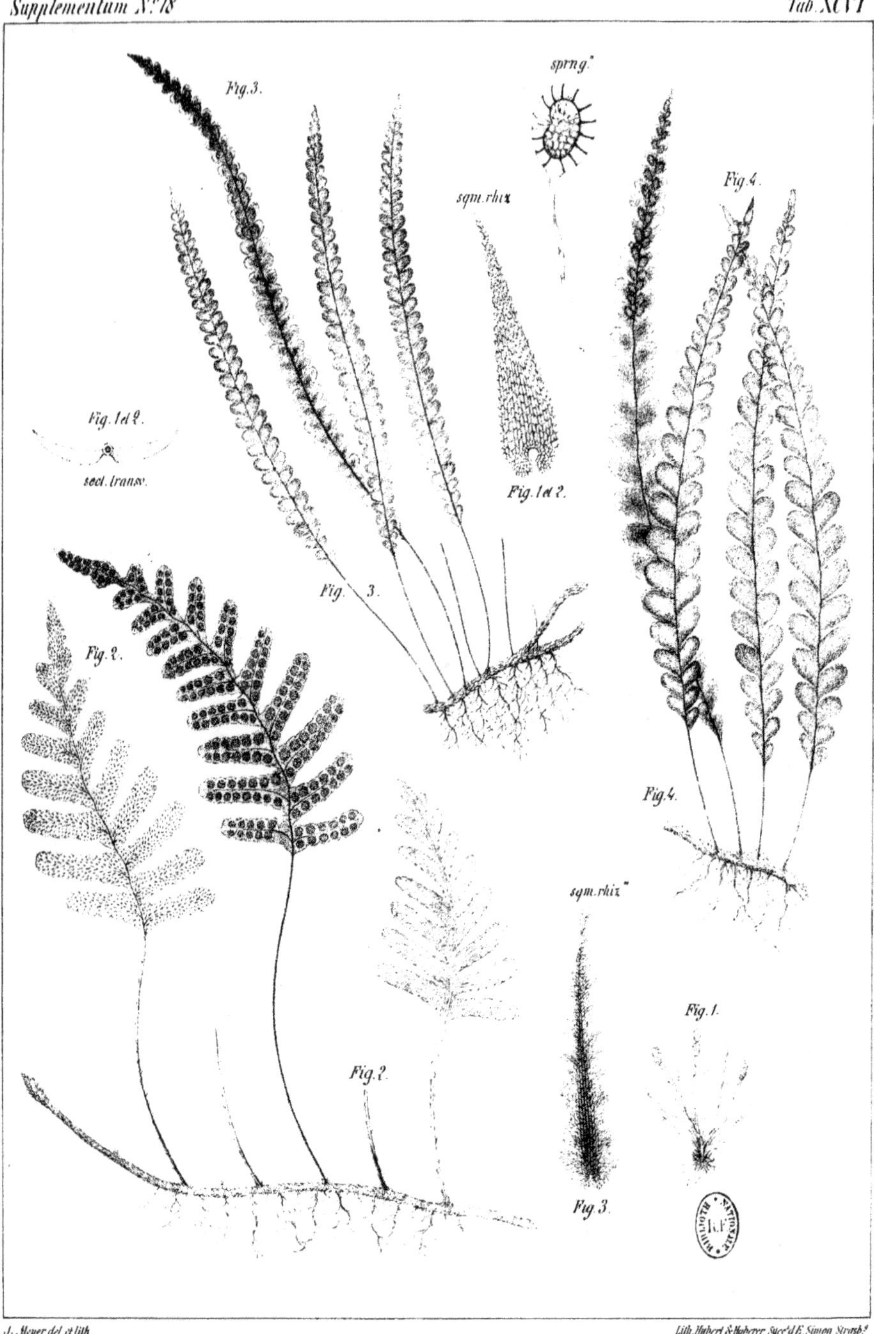

Fig.1. **Grammitis** *uninervata* F. | Fig.2. **Polypodium** *typicum* F.

Fig.3 **Polypodium** *angustissimum* F. | Fig.4. **Polypodium** *subdicarpon* F.

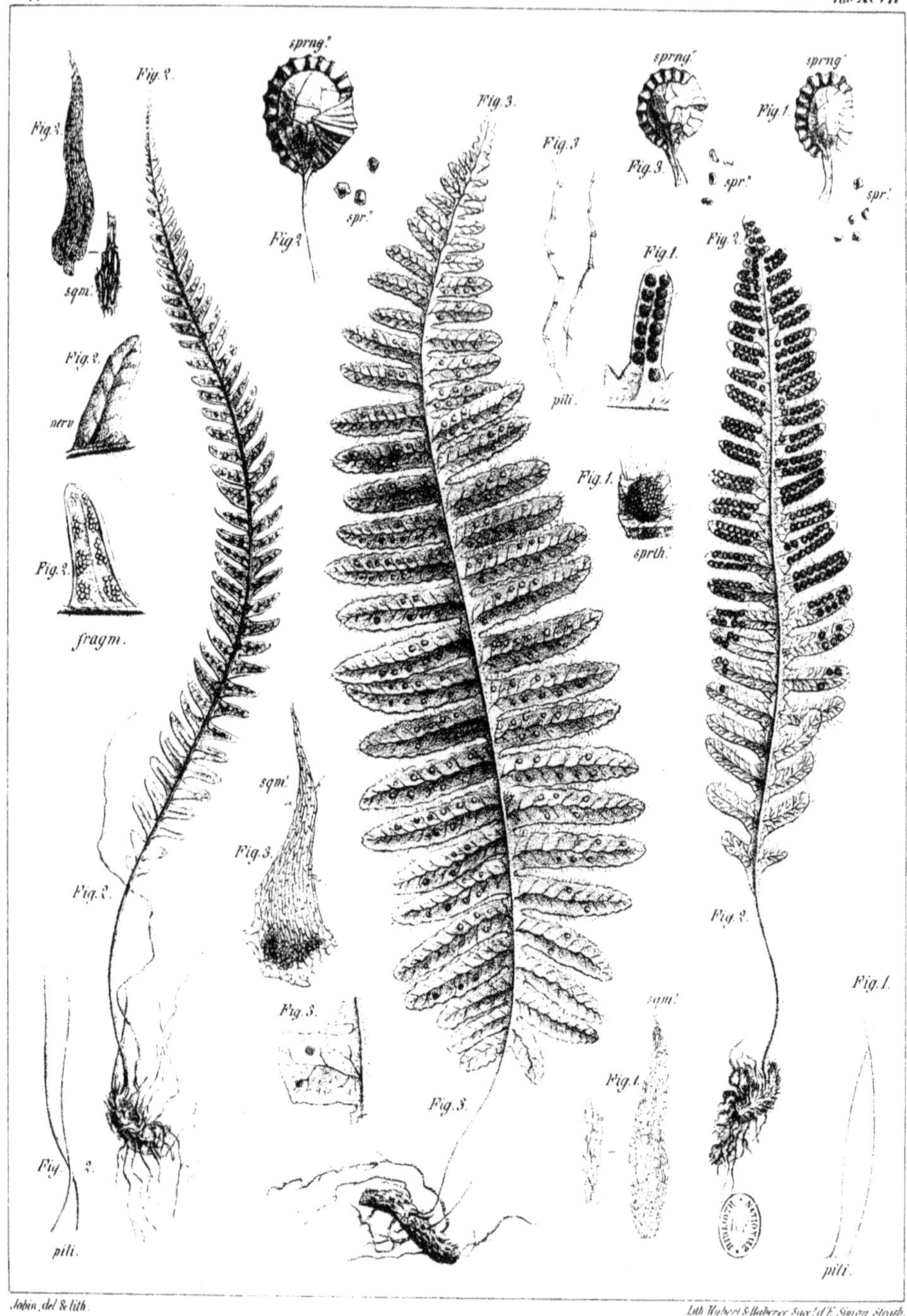

Jobin del & lith.

Lith. Wubert & Haberer Suxcd F. Simon Strasb.

Fig. 1. **Polypodium** *villosum*. F.   Fig. 2. **Polypodium** *acrodontium*. F.

Fig. 3. **Polypodium** *pilosum*. F.

J. Meyer, del et lith.

Lith. Hubert & Haberer, Succ.d E. Simon S.r

Fig.1 **Craspedaria** camptocarpa, F. | Fig.2 **Phegopteris**, camptocaula, F.

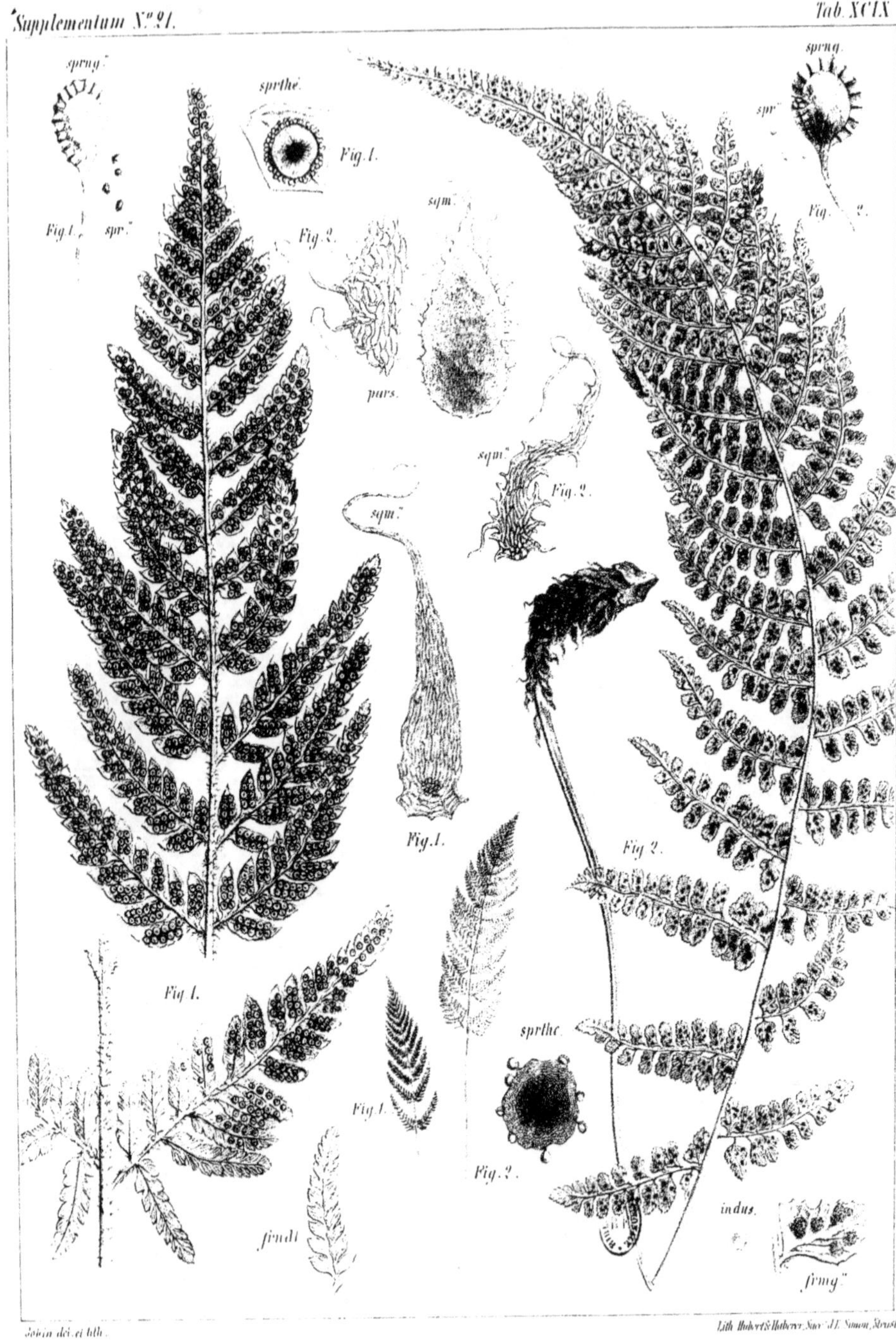

Sojon del. et lith. Lith. Hubert & Haberer, Succ.t d.t Simon, Strasb.

Fig. 1. **Polystichum** *quadrangulare, F.* Fig. 2. **Polystichum** *Rochaleanum, Glaz.*

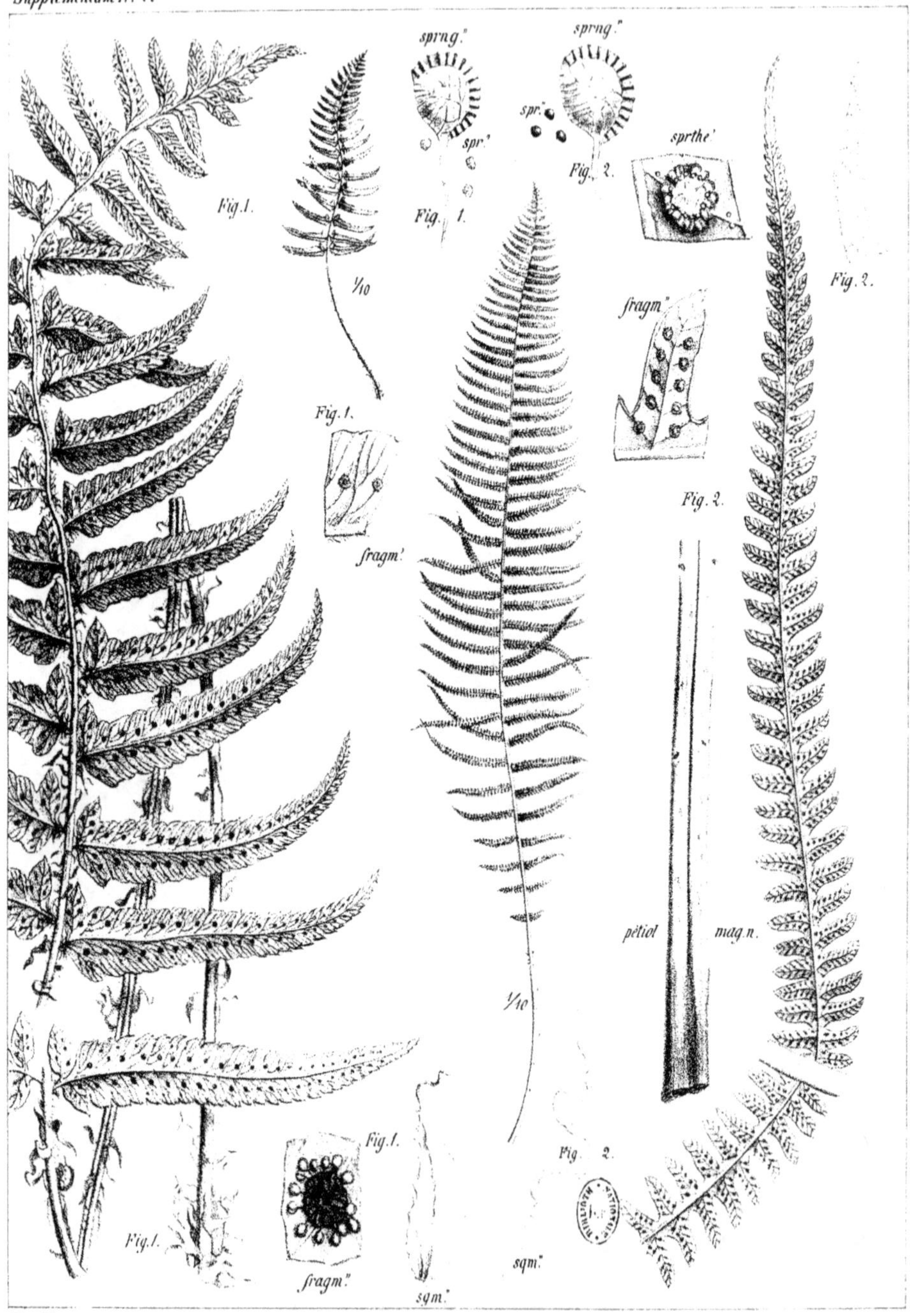

Jobin del et lith.

Lith. Hubert & Haberer, Succ.d E. Simon, Strasb.

Fig. 1. **Phanerophlebia** *aurita, F.* | *Fig. 2.* **Aspidium** *platyrachis, F.*

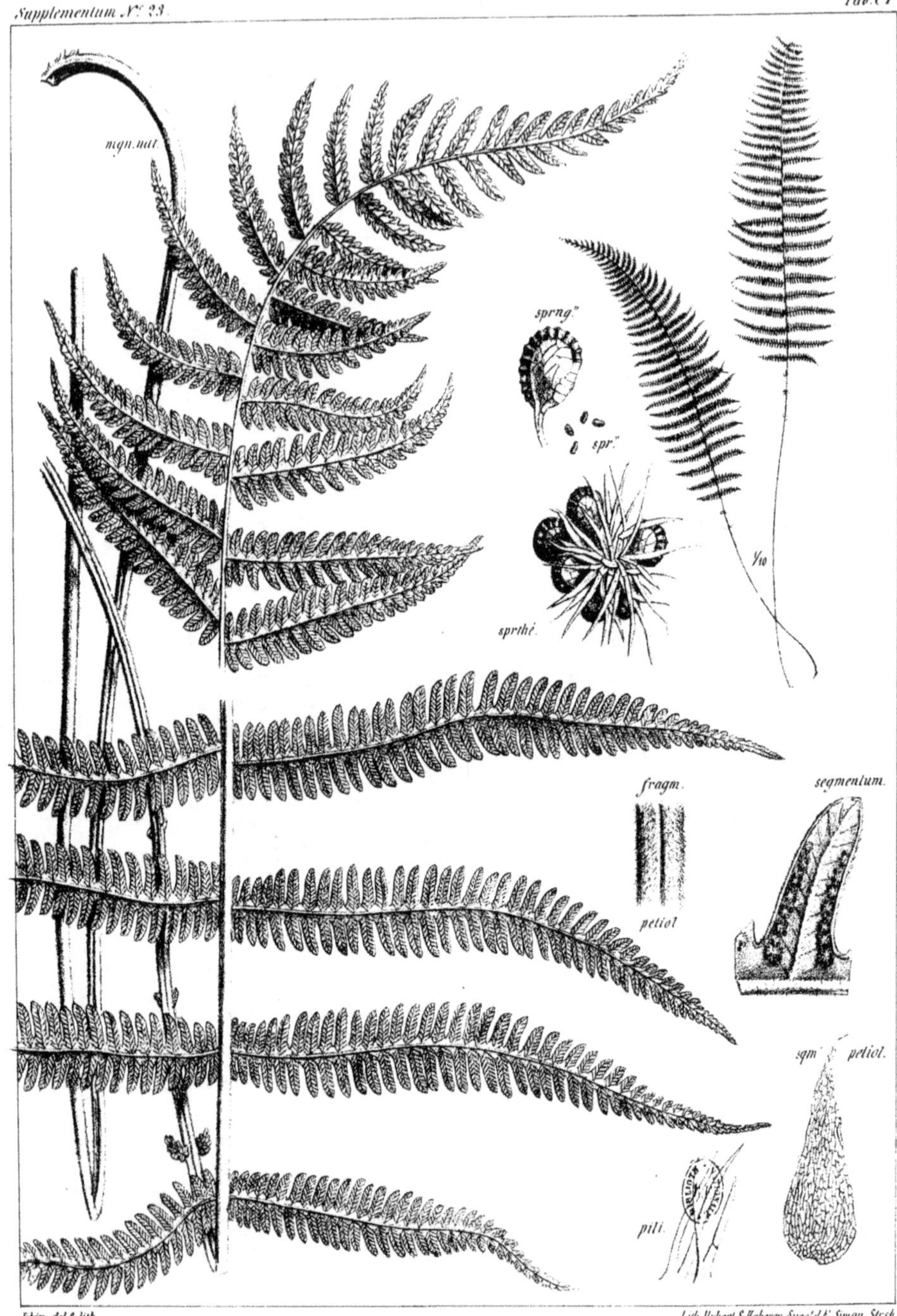

Aspidium *eriosorus, F.*

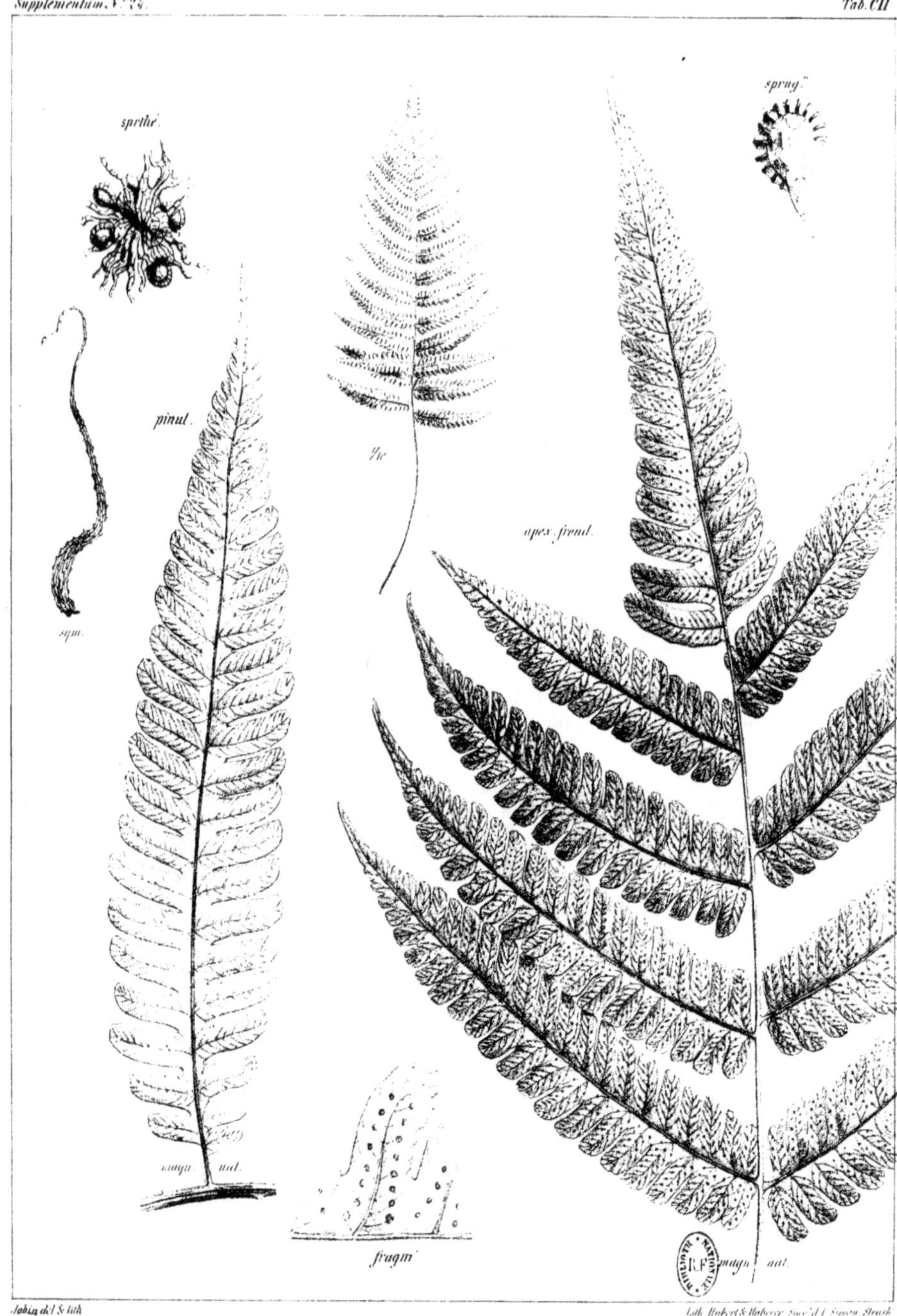

Aspidium *Tijucense. F.*

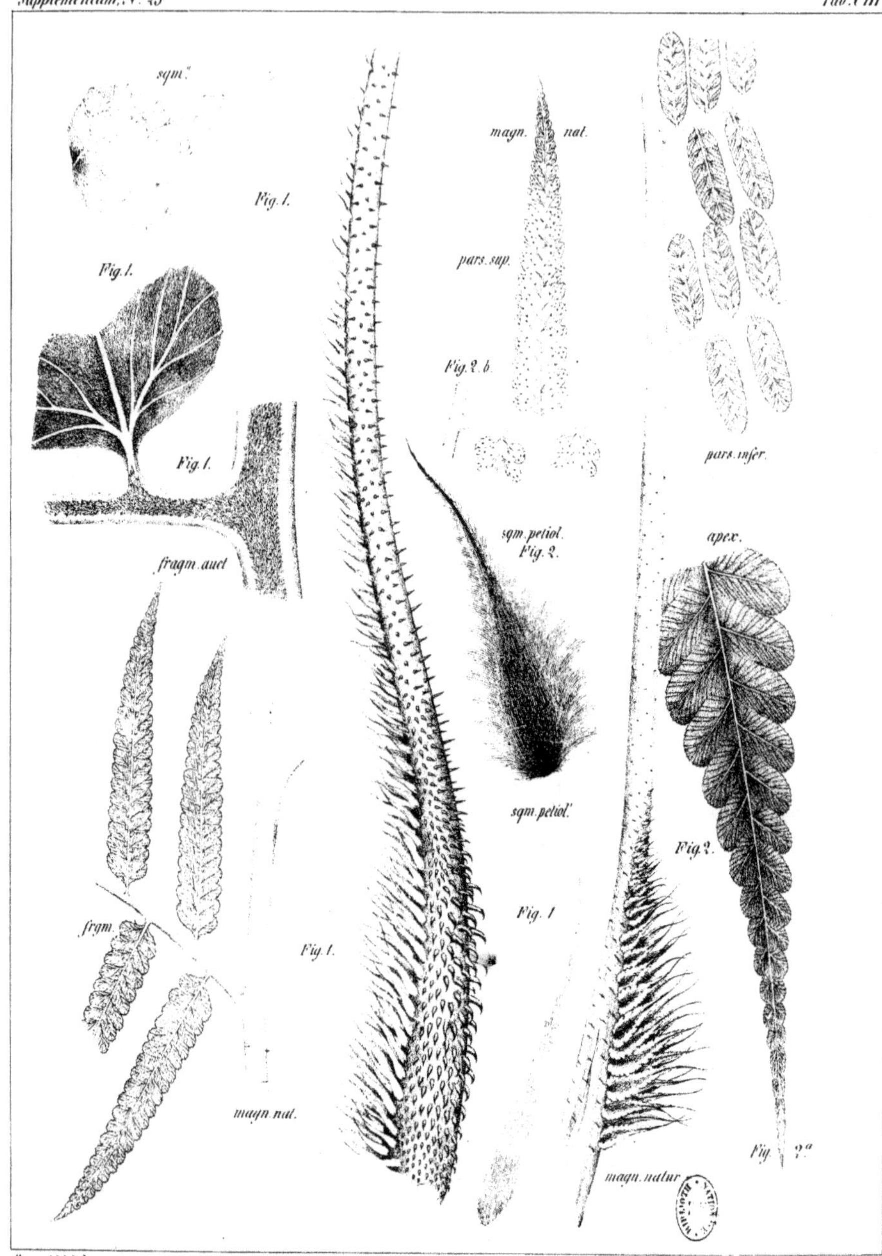

Fig. 1. **Alsophila** *decipiens* . F.   Fig. 2. **Alsophila** *Guimaraensis*, F.

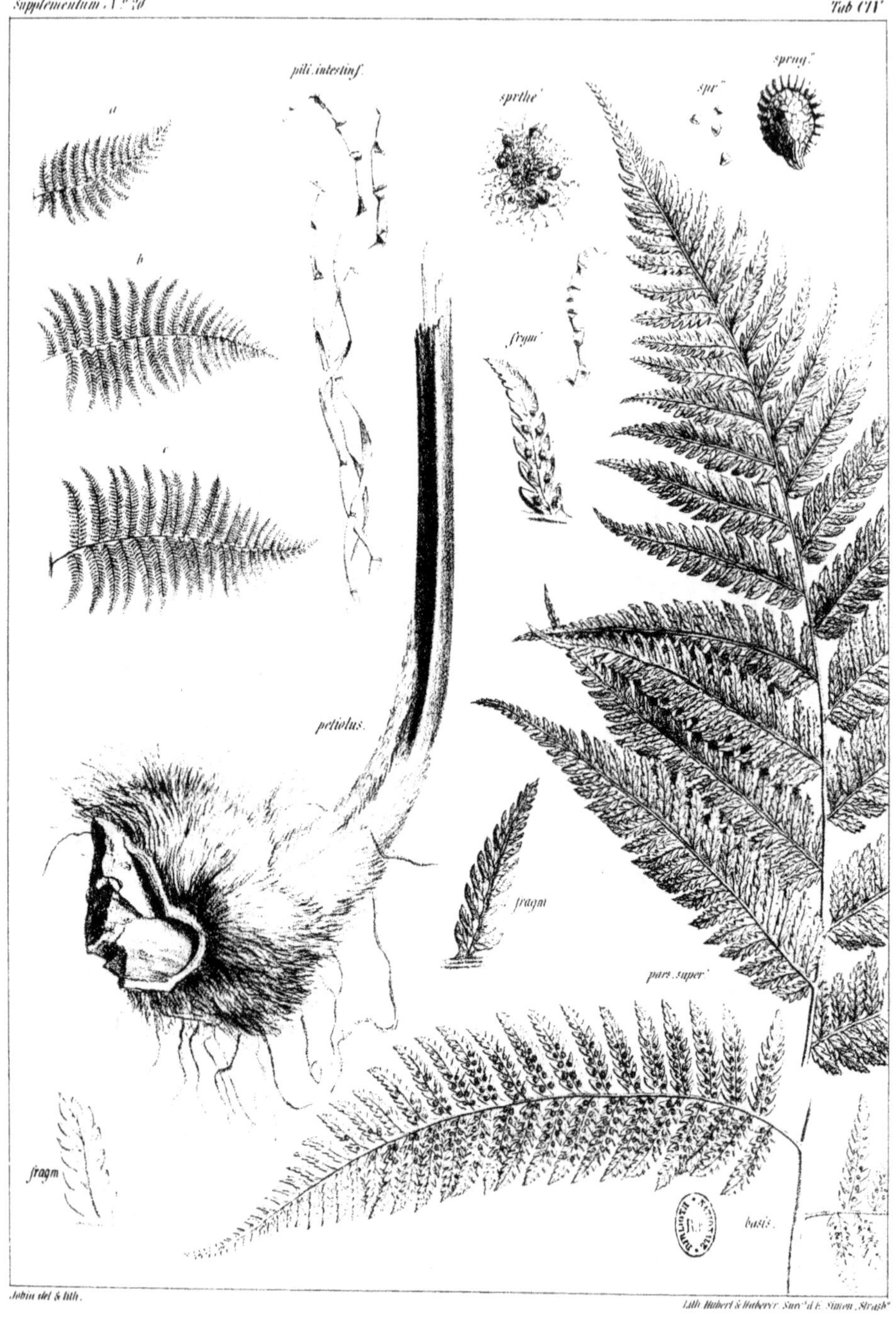

Lophosoria *cæsia*, F.

Jobin del. et lith.

Lith. Hubert & Haberer, Succ.ᵣˢ d.ˢ Simon, Strasb.ᵍ

Fig. 1. **Hymenophyllum** *delicatissimum*, F.   *Fig. 2.* **Mertensia** *longipes*, F.

Fig. 3. **Lycopodium** *flexible*, F.

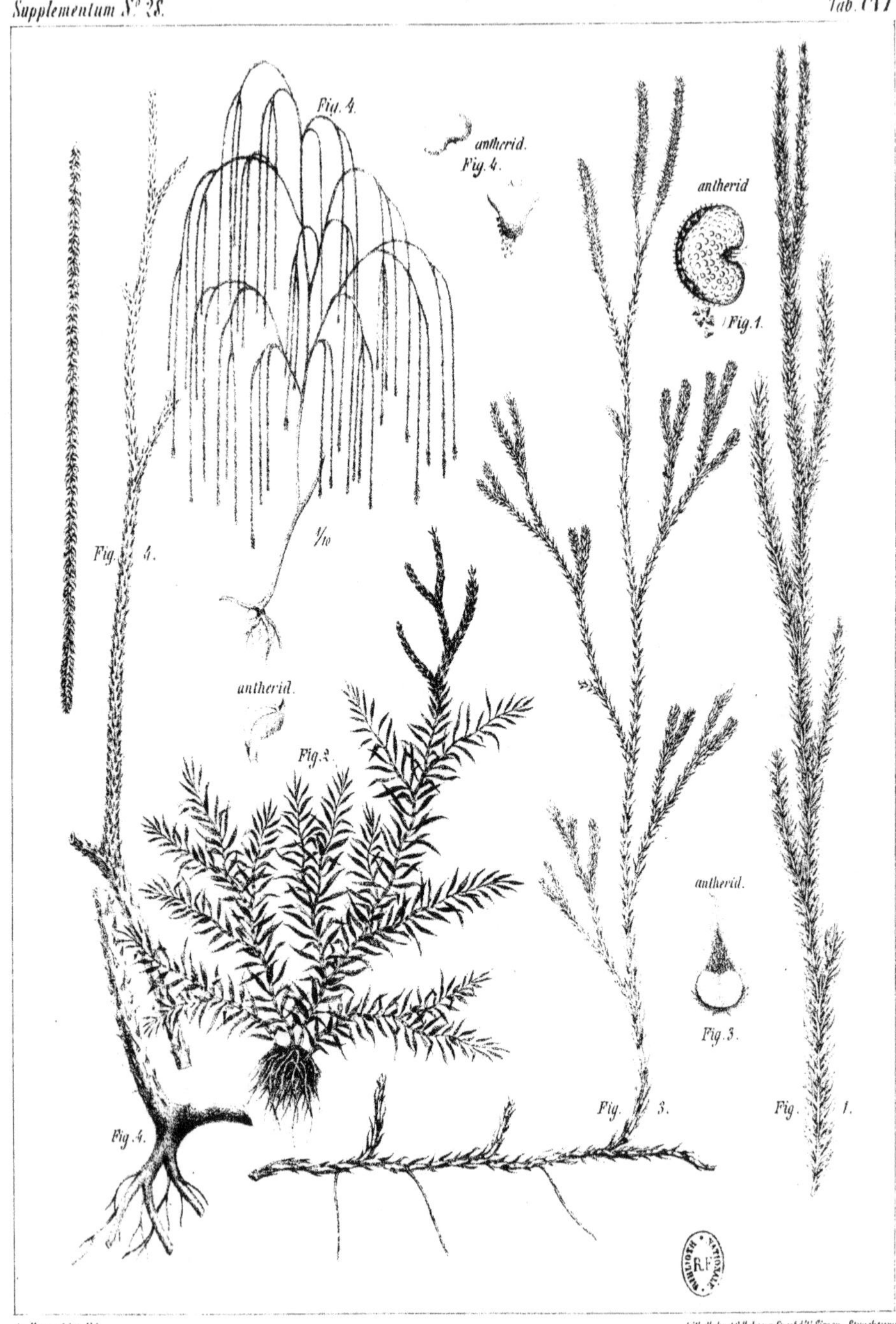

Fig. 1. **Lycopodium** *flaccidum* . F. | Fig. 2. **Lycopodium** *erythrocaulon* , F.

Fig. 3. **Lycopodium** *assurgens* . F. | Fig. 4. **Lycopodium** *Eichleri* , Glaz.

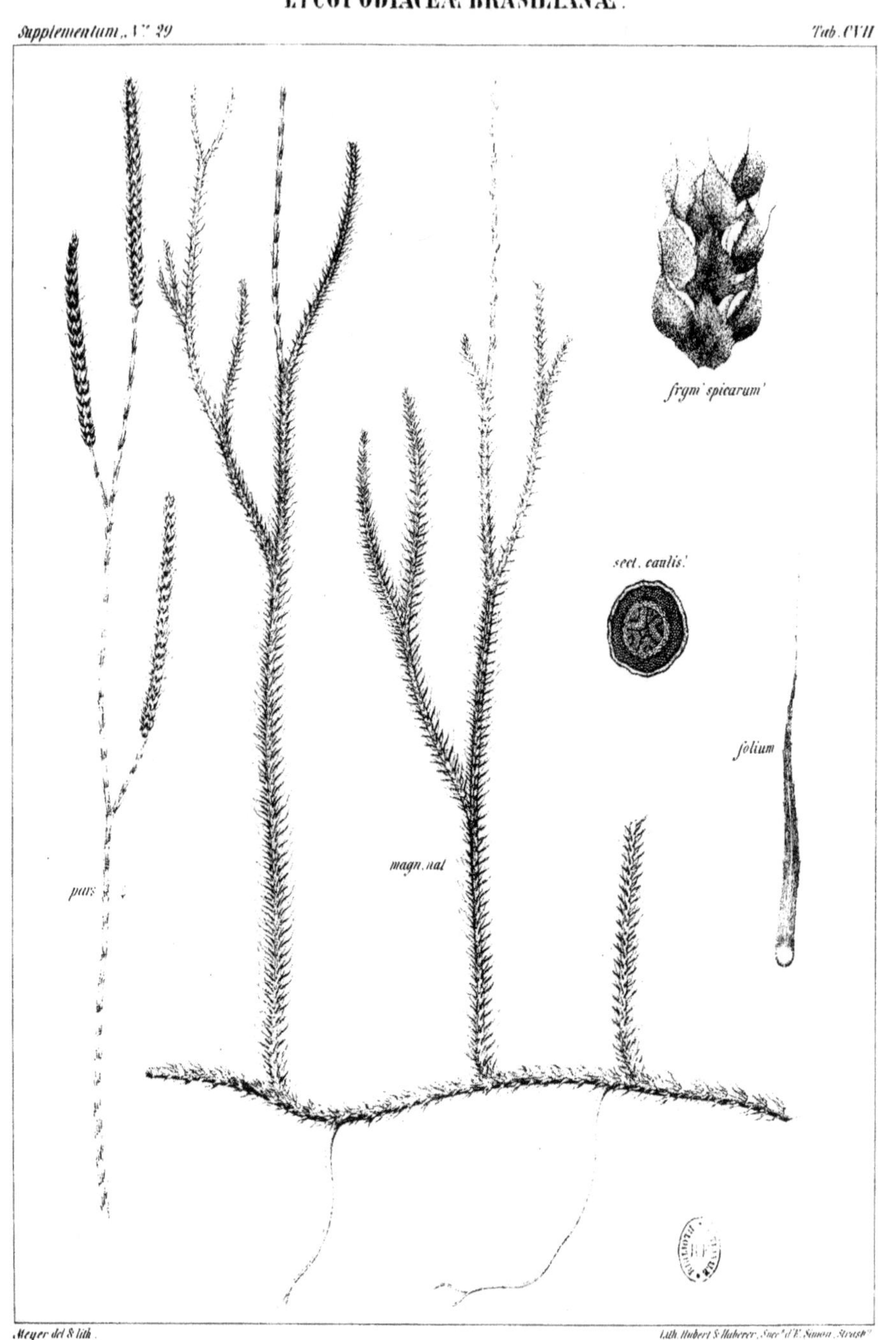

Lycopodium *trichiatum*. Bory.

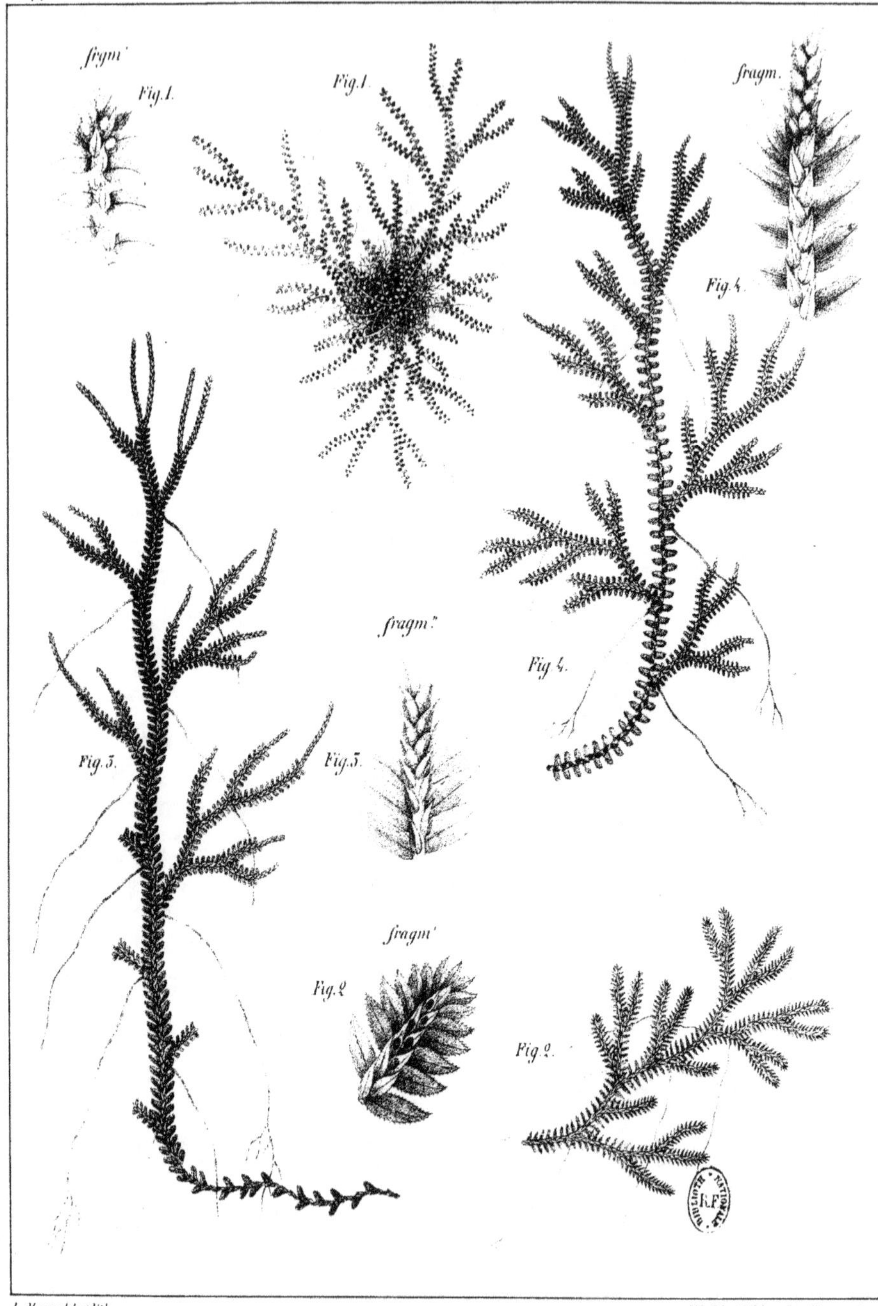

J. Meyer, del. et lith.

Lith. Hubert & Haberer, Succ.d E. Simon Strasb.

Fig. 1. Selaginella *tenuissima*, F. **Fig. 2. Selaginella** *canescens*, F.
Fig. 3. Selaginella *bella*, F. **Fig. 4. Selaginella** *geminata*, F.